毎日のドリル 学研

できたよ ★ シート

べんきょうが おわった ページの ばんごうに
「できたよシール」を はろう!

名前

スタート　がんばるぞ!

1　2　3　4

9　8　7　6　5

その ちょうし!

10　11　12　13　| 算数パズル | 14

ここで
はんぶん!

19　18　17　16　15

20　21　22　23　24　25

あと ちょっと!

30　29　28　27　26

31　32　33　34　35　36

ゴール

| まとめテスト | 39　| 算数パズ | 38

JN021168

2年たし算・ひき算

やりきれるから自信がつく！

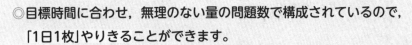

☑ 1日1枚の勉強で, 学習習慣が定着！

◎目標時間に合わせ, 無理のない量の問題数で構成されているので,
「1日1枚」やりきることができます。

◎解説が丁寧なので, まだ学校で習っていない内容でも勉強を進めることができます。

☑ すべての学習の土台となる「基礎力」が身につく！

◎スモールステップで構成され, 1冊の中でも繰り返し練習していくので,
確実に「基礎力」を身につけることができます。「基礎」が身につくことで, 発
展的な内容に進むことができるのです。

◎教科書に沿っているので, 授業の進度に合わせて使うこともできます。

☑ 勉強管理アプリの活用で, 楽しく勉強できる！

◎設定した勉強時間にアラームが鳴るので, 学習習慣がしっかりと身につきます。

◎時間や点数などを登録していくと, 成績がグラフ化されたり,
賞状をもらえたりするので, 達成感を得られます。

◎勉強をがんばると, キャラクターとコミュニケーションを
取ることができるので, 日々のモチベーションが上がります。

❶ 1日1枚，集中して解きましょう。

表 / 裏

◎ 1回分は，1枚（表と裏）です。
1枚ずつはがして使うこともできます。

◎ 目標時間を意識して解きましょう。
アプリのストップウォッチなどで，かかった時間を計るとよいでしょう。

・巻末の「まとめテスト」で，この本の内容が身についたかを確認できます。

❷ おうちの方に，答え合わせをしてもらいましょう。

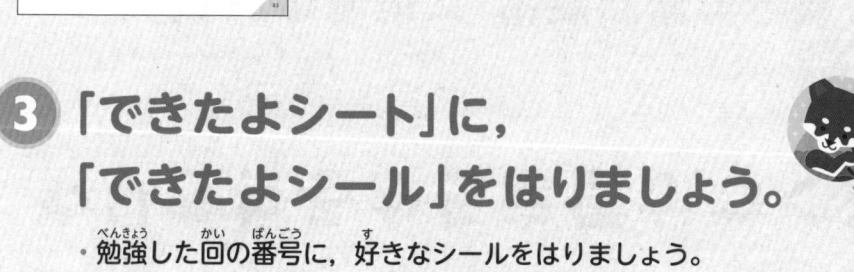

・本の最後に，「答えとアドバイス」があります。

・答え合わせをして，点数をつけてもらいましょう。

できなかった問題を解き直すと，より力がつくよ！

❸ 「できたよシート」に，「できたよシール」をはりましょう。

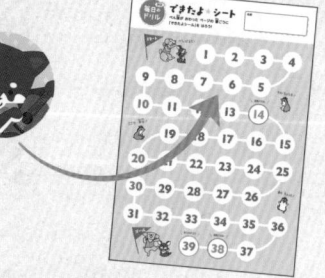

・勉強した回の番号に，好きなシールをはりましょう。

❹ アプリに得点を登録しましょう。

・アプリに得点を登録すると，成績がグラフ化されます。
・勉強すると，キャラクターが育ちます。

♪毎日のドリル♪

勉強管理アプリ

「毎日のドリル」シリーズ専用、スマートフォン・タブレットで使える無料アプリです。
1つのアプリで、シリーズすべてを管理でき、学習習慣が楽しく身につきます。

1 「毎日のドリル」の学習を徹底サポート！

毎日の勉強タイムを
お知らせする
[タイマー]

かかった時間を計る
[ストップウォッチ]

勉強した日を記録する
[カレンダー]

入力した得点を
[グラフ化]

2 キャラクターと楽しく学べる！

好きなキャラクターを選ぶことができます。勉強をがんばるとキャラクターが育ち、「ひみつ」や「ワザ」が増えます。

ゲームで、どこでも手軽に、楽しく勉強できます。漢字は学年別、英単語はレベル別に構成されており、ドリルで勉強した内容の確認にもなります。

4 漢字と英単語のゲームにチャレンジ！

3 1冊終わると、ごほうびがもらえる！

ドリルが1冊終わるごとに、賞状やメダル、称号がもらえます。

これは やる気が
でちゃうね！

アプリの無料ダウンロードはこちらから！

https://gakken-ep.jp/extra/maidori/

【推奨環境】
■ 各種Android端末：対応OS Android6.0以上
■ 各種iOS（iPadOS）端末：対応OS iOS10以上

※対応OSであっても、Intel CPU（x86 Atom）搭載の端末では正しく動作しない場合があります。
※対応OSや対応機種についても、各ストアでご確認ください。
※お客様のネット環境およびサービスの提供状況によりアプリをご利用できない場合、当社は責任を負いかねます。
また、事前の予告なくサービスの提供を中止する場合がありますので、ご理解、ご了承くださいますようお願いいたします。

たし算と　ひき算

2けたと　1けたの
たし算，ひき算

1 計算を　しましょう。

1つ2点【14点】

① 13＋7＝ 20

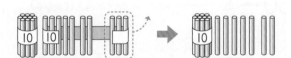

② 26＋4＝ □

③ 58＋2＝ □

④ 14＋8＝ 22

6　2　①14と　6で　20
　　　②20と　2で　22

⑤ 45＋9＝ □

⑥ 57＋6＝ □

⑦ 78＋3＝ □

2 計算を　しましょう。

1つ2点【14点】

① 20－3＝ 17

② 30－5＝ □

③ 60－8＝ □

④ 21－6＝ 15

20　1　①20から　6を　ひいて　14
　　　②14と　1で　15

⑤ 33－4＝ □

⑥ 52－8＝ □

⑦ 75－9＝ □

3 計算を しましょう。 1つ4点【36点】

① 56＋8

② 11＋9

③ 65＋5

④ 25＋8

⑤ 74＋7

⑥ 89＋4

⑦ 57＋3

⑧ 34＋6

⑨ 46＋9

2けたの 数に いくつを
たすと 何十に なるかを
考えよう。

4 計算を しましょう。 1つ4点【36点】

① 46－8

② 90－9

③ 50－4

④ 72－5

⑤ 61－2

⑥ 40－7

⑦ 53－6

⑧ 22－4

⑨ 85－9

たし算・ひき算の べん強が はじまるよ。

答え ▶ 83ページ

2 2けたと　2けたの たし算，ひき算

月　　日　　**10** 分

とく点

点

1 計算を　しましょう。

1つ2点【16点】

① $12 + 30 =$ 42

$\underset{10}{\square\square}|| + \underset{10}{\square}\ \underset{10}{\square}\ \underset{10}{\square} \rightarrow \underset{10}{\square}\ \underset{10}{\square}\ \underset{10}{\square}\ \underset{10}{\square}\ ||$

② $27 + 50 =$ □　　　③ $56 + 40 =$ □

④ $32 + 13 =$ 45
　　　30 2 10 3

30と　10で　40
2と　　3で　　5 ⟩ 40と　5で　45

⑤ $47 + 31 =$ □　　　⑥ $21 + 64 =$ □

⑦ $16 + 53 =$ □　　　⑧ $42 + 15 =$ □

2 計算を　しましょう。

1つ2点【12点】

① $43 - 20 =$ 23

$\underset{10}{\square}\ \underset{10}{\square}\ \underset{10}{\fbox{□}}\ \underset{10}{\fbox{□}}\ ||| \rightarrow \underset{10}{\square}\ \underset{10}{\square}\ |||$

② $56 - 10 =$ □　　　③ $84 - 60 =$ □

④ $57 - 24 =$ 33
　　　50 7 20 4

50から　20を　ひいて　30
7から　　4を　ひいて　　3 ⟩ 30と　3で　33

⑤ $38 - 26 =$ □　　　⑥ $79 - 39 =$ □

7

3 計算を しましょう。 1つ4点【36点】

① 26＋20

② 43＋51

③ 67＋22

④ 31＋60

⑤ 25＋32

⑥ 48＋30

⑦ 13＋46

⑧ 54＋14

⑨ 71＋13

2けたの 数を 何十と
何に 分けて 計算しよう。

4 計算を しましょう。 1つ4点【36点】

① 48－24

② 65－10

③ 97－37

④ 72－50

⑤ 59－16

⑥ 83－21

⑦ 98－70

⑧ 76－43

⑨ 69－52

スラスラ できたかな？ その ちょう子！

答え ▶ 83ページ

3 2けたの　たし算の ひっ算①

10 ふん
月　　日
とく点

点

1 計算を　しましょう。

1つ2点【16点】

①

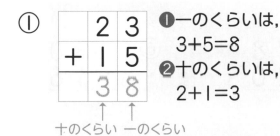

```
  2 3
+ 1 5
  3 8
```
↑　　↑
十のくらい　一のくらい

❶一のくらいは、
　3+5=8
❷十のくらいは、
　2+1=3

②
```
  2 1
+ 3 4
```

③
```
  5 6
+ 2 3
```

④
```
  2 5
+ 6 0
```

⑤
```
  4 3
+ 4 0
```

⑥
```
  2 0
+ 7 2
```

⑦
```
  4 0
+ 2 0
```

⑧
```
  6 0
+ 3 0
```

2 計算を　しましょう。

1つ3点【12点】

①
```
  3 2
+   4
```

②
```
    6
+ 8 3
```

③
```
  6 0
+   8
```

④
```
    5
+ 9 0
```

2けた+1けたの
ひっ算も、 1 と
同じように　計算するよ。

3 計算を しましょう。

①
$$\begin{array}{r} 21 \\ +56 \\ \hline \end{array}$$

②
$$\begin{array}{r} 16 \\ +23 \\ \hline \end{array}$$

③
$$\begin{array}{r} 53 \\ +42 \\ \hline \end{array}$$

④
$$\begin{array}{r} 57 \\ +10 \\ \hline \end{array}$$

⑤
$$\begin{array}{r} 78 \\ +20 \\ \hline \end{array}$$

⑥
$$\begin{array}{r} 30 \\ +46 \\ \hline \end{array}$$

⑦
$$\begin{array}{r} 60 \\ +24 \\ \hline \end{array}$$

⑧
$$\begin{array}{r} 50 \\ +20 \\ \hline \end{array}$$

⑨
$$\begin{array}{r} 10 \\ +80 \\ \hline \end{array}$$

4 計算を しましょう。

①
$$\begin{array}{r} 24 \\ +5 \\ \hline \end{array}$$

②
$$\begin{array}{r} 32 \\ +6 \\ \hline \end{array}$$

③
$$\begin{array}{r} 3 \\ +62 \\ \hline \end{array}$$

④
$$\begin{array}{r} 5 \\ +53 \\ \hline \end{array}$$

⑤
$$\begin{array}{r} 80 \\ +6 \\ \hline \end{array}$$

⑥
$$\begin{array}{r} 7 \\ +40 \\ \hline \end{array}$$

むずかしい 計算も，ひっ算で スラスラ できるね。

答え ▶ 84ページ

4 2けたの　たし算の ひっ算②

月　日
とく点
10分

点

1 計算を　しましょう。

1つ3点【24点】

①
```
  3 7
+ 5 2
```

②
```
  4 3
+ 3 6
```

③
```
  3 0
+ 2 3
```

④
```
  5 6
+   2
```

⑤
```
    5
+ 4 1
```

⑥
```
  1 0
+ 6 0
```

⑦
```
  8 0
+   5
```

⑧
```
    2
+ 7 0
```

つぎの 2 は、
ひっ算の　かたちを
じぶんで　つくるよ。

2 ひっ算で　しましょう。

1つ4点【16点】

① 25＋43

くらいを　たてに →
そろえて　書いて
から　計算する。

② 74＋20

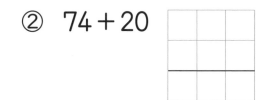

③ 42＋3

④ 6＋52

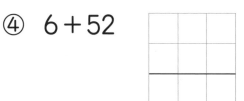

11

3 計算を しましょう。 1つ4点【36点】

①　　　12
　　　+23

②　　　36
　　　+20

③　　　　3
　　　+45

④　　　40
　　　+　3

⑤　　　54
　　　+14

⑥　　　82
　　　+　2

⑦　　　25
　　　+74

⑧　　　41
　　　+28

⑨　　　50
　　　+47

4 ひっ算で しましょう。 1つ6点【24点】

①　25＋32

②　40＋50

③　46＋3

④　8＋60

 今日も　ぜっこうちょう！

答え ▶ 84ページ

5 十のくらいに　くり上がる たし算①

月　　日　　10分
とく点
点

1 計算を　しましょう。

1つ2点【16点】

①
```
  3 6
+ 2 7
  6 3
```
❶一のくらいは，6+7=13
　十のくらいに
　１　くり上げる。
❷十のくらいは，
　1+3+2=6

②
```
  4 8
+ 1 9
```

③
```
  2 3
+ 5 8
```

④
```
  5 6
+ 3 7
```

⑤
```
  6 9
+ 1 4
```

⑥
```
  1 5
+ 4 5
```

⑦
```
  3 6
+ 3 4
```

⑧
```
  1 2
+ 7 8
```

2 計算を　しましょう。

1つ3点【12点】

①
```
  2 9
+   4
```

②
```
    8
+ 5 6
```

くり上げた
1の　たしわすれに
気を　つけてね。

③
```
  3 7
+   3
```

④
```
    5
+ 6 5
```

13

3 計算を しましょう。

① 　 65
　 ＋26

② 　 43
　 ＋39

③ 　 58
　 ＋35

④ 　 18
　 ＋43

⑤ 　 26
　 ＋29

⑥ 　 19
　 ＋52

⑦ 　 26
　 ＋34

⑧ 　 43
　 ＋27

⑨ 　 68
　 ＋12

4 計算を しましょう。

① 　 　3
　 ＋18

② 　 39
　 ＋ 5

③ 　 　6
　 ＋76

④ 　 24
　 ＋ 7

⑤ 　 　8
　 ＋62

⑥ 　 　9
　 ＋51

くり上がりの ある 計算の しかたは 分かったかな？

答え ▶ 85ページ

6 十のくらいに　くり上がる たし算②

月　　日

10分

とく点

点

1 計算を　しましょう。

1つ3点【24点】

①
```
   2 7
 + 1 7
```

②
```
   5 9
 + 2 6
```

③
```
   6 4
 + 2 7
```

④
```
   7 1
 + 1 9
```

⑤
```
   6 5
 + 1 5
```

⑥
```
   6 7
 +   5
```

⑦
```
   3 4
 +   6
```

⑧
```
     7
 + 5 3
```

答えの　一のくらいが
0に　なる　計算も
あるね。

2 ひっ算で　しましょう。

1つ4点【16点】

① 15＋36
```
   1 5
 + 3 6
```

くらいを　たてに →
そろえて　書いて
から　計算する。

② 43＋37

③ 9＋49

④ 12＋8

15

3 計算を しましょう。　　　　　　　　　1つ4点【36点】

① 　23
　＋47

② 　36
　＋56

③ 　48
　＋37

④ 　62
　＋　9

⑤ 　73
　＋19

⑥ 　24
　＋　6

⑦ 　　8
　＋43

⑧ 　58
　＋22

⑨ 　18
　＋24

4 ひっ算で しましょう。　　　　　　　　1つ6点【24点】

① 76＋18

② 55＋15

③ 68＋9

④ 4＋36

今日も　べん強　バッチリ！

答え ▶ 85ページ

7

たし算と　ひき算の　ひっ算 (1)

たし算の　ひっ算の
れんしゅう①

月　　日

15
分

とく点

点

---

1 計算を　しましょう。

1つ3点【24点】

①
```
  3 5
+ 1 3
```

②
```
  4 7
+ 2 3
```

③
```
    3
+ 8 0
```

④
```
  4 4
+   6
```

⑤
```
  5 2
+ 4 0
```

⑥
```
  3 6
+   9
```

⑦
```
  2 8
+ 5 5
```

⑧
```
    5
+ 9 2
```

---

2 ひっ算で　しましょう。

1つ4点【28点】

① 39＋57　② 23＋43　③ 8＋76　④ 62＋3

　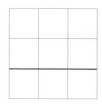　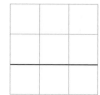　

⑤ 15＋30　⑥ 2＋68　⑦ 50＋4

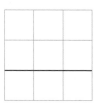　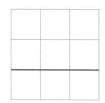　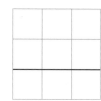

くらいを　たてに
そろえて　書こう。

17

3 計算を　しましょう。

① 　　14
　　＋28

② 　　65
　　＋20

③ 　　26
　　＋13

④ 　　　7
　　＋39

⑤ 　　40
　　＋32

⑥ 　　　5
　　＋45

⑦ 　　31
　　＋49

⑧ 　　　8
　　＋60

⑨ 　　68
　　＋　2

⑩ 　　37
　　＋25

⑪ 　　　6
　　＋58

⑫ 　　20
　　＋70

4 ひっ算で　しましょう。

① 66＋31

② 27＋28

③ 59＋6

れんしゅうを　しっかり　やれば，計算力が　つくよ！

答え ▶ 85ページ

8 2けたの　ひき算の　ひっ算①

月　　日　　**10**分

とく点

点

1 計算を　しましょう。

1つ2点【16点】

①
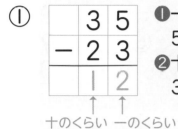

```
   3 5
 - 2 3
 ─────
   1 2
```

❶一のくらいは,
　　5−3=2
❷十のくらいは,
　　3−2=1

↑十のくらい　↑一のくらい

②
```
   4 8
 - 1 3
 ─────
```

③
```
   7 9
 - 3 9
 ─────
```

④
```
   5 2
 - 2 0
 ─────
```

⑤
```
   8 0
 - 2 0
 ─────
```

⑥
```
   4 7
 - 4 3
 ─────
```

⑦
```
   9 7
 - 9 2
 ─────
```

⑧
```
   5 6
 - 5 0
 ─────
```

2 計算を　しましょう。

1つ3点【12点】

①

```
   3 6
 -   5
 ─────
```

②
```
   8 7
 -   3
 ─────
```

③
```
   2 7
 -   7
 ─────
```

④
```
   5 6
 -   6
 ─────
```

2けた−1けたの　ひっ算も,
1と　同じように
計算するよ。

3 計算を しましょう。

①
```
  27
- 13
```

②
```
  69
- 26
```

③
```
  86
- 34
```

④
```
  35
- 25
```

⑤
```
  71
- 50
```

⑥
```
  69
- 30
```

⑦
```
  60
- 40
```

⑧
```
  58
- 54
```

⑨
```
  42
- 40
```

4 計算を しましょう。

①
```
  49
-  7
```

②
```
  86
-  5
```

③
```
  95
-  1
```

④
```
  32
-  2
```

⑤
```
  67
-  7
```

⑥
```
  58
-  8
```

ひき算の ひっ算も とくいに なろうね！

答え ▶ 86ページ

9

たし算と　ひき算の　ひっ算 (1)

2けたの　ひき算の　ひっ算②

月　　日　　**10**分

とく点

点

---

1 <ruby>計算<rt>けいさん</rt></ruby>を　しましょう。

1つ3点【24点】

①
```
   9 8
－  3 7
```

②
```
   5 4
－  2 4
```

③
```
   8 6
－  2 0
```

④
```
   7 0
－  5 0
```

⑤
```
   3 5
－  3 0
```

⑥
```
   6 9
－  6 3
```

⑦
```
   4 6
－    5
```

⑧
```
   7 9
－    9
```

<ruby>答<rt>こた</rt></ruby>えの　十のくらいが　0の　ときは、0を　<ruby>書<rt>か</rt></ruby>かなくて　いいよ。

---

2 ひっ算で　しましょう。

1つ4点【16点】

① 57－35
```
   5 7
－ 3 5
```
くらいを　たてに　→
そろえて　書いて
から　計算する。

② 49－10

③ 78－3

④ 56－4

21

3 計算を しましょう。

①
```
  5 8
- 1 3
```

②
```
  6 1
- 5 1
```

③
```
  8 9
-   2
```

④
```
  4 7
- 3 2
```

⑤
```
  7 6
-   3
```

⑥
```
  8 4
- 6 0
```

⑦
```
  4 5
-   5
```

⑧
```
  5 0
- 2 0
```

⑨
```
  7 5
- 7 2
```

4 ひっ算で しましょう。

① 37 − 16

② 32 − 30

③ 99 − 4

④ 68 − 8

つかれた ときは，からだを うごかして みよう。

答え ▶ 86ページ

10 十のくらいから　くり下がる　ひき算①

	月	日	10分
とく点			
			点

1 計算を　しましょう。

1つ2点【16点】

①
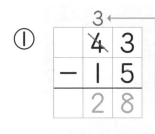

❶一のくらいは, 十のくらい
　から　１　くり下げて,
　13−5＝8
❷十のくらいは,
　１　くり下げたので　3
　3−1＝2

②
```
    6 5
  − 4 8
```

③
```
    7 2
  − 1 9
```

④
```
    6 0
  − 2 6
```

⑤
```
    8 0
  − 6 5
```

⑥
```
    8 1
  − 7 4
```

⑦
```
    6 7
  − 5 8
```

⑧
```
    3 0
  − 2 9
```

2 計算を　しましょう。

1つ3点【12点】

①
```
    5 2
  −   6
```

②
```
    7 6
  −   9
```

くり下げた　１を
ひくのを　わすれな
いように！

③
```
    3 0
  −   4
```

④
```
    5 0
  −   2
```

3 計算を しましょう。

①
$$\begin{array}{r} 56 \\ -38 \\ \hline \end{array}$$

②
$$\begin{array}{r} 61 \\ -18 \\ \hline \end{array}$$

③
$$\begin{array}{r} 84 \\ -49 \\ \hline \end{array}$$

④
$$\begin{array}{r} 40 \\ -15 \\ \hline \end{array}$$

⑤
$$\begin{array}{r} 50 \\ -37 \\ \hline \end{array}$$

⑥
$$\begin{array}{r} 38 \\ -29 \\ \hline \end{array}$$

⑦
$$\begin{array}{r} 62 \\ -54 \\ \hline \end{array}$$

⑧
$$\begin{array}{r} 93 \\ -88 \\ \hline \end{array}$$

⑨
$$\begin{array}{r} 70 \\ -68 \\ \hline \end{array}$$

4 計算を しましょう。

①
$$\begin{array}{r} 33 \\ -\ 9 \\ \hline \end{array}$$

②
$$\begin{array}{r} 46 \\ -\ 7 \\ \hline \end{array}$$

③
$$\begin{array}{r} 81 \\ -\ 5 \\ \hline \end{array}$$

④
$$\begin{array}{r} 60 \\ -\ 3 \\ \hline \end{array}$$

⑤
$$\begin{array}{r} 80 \\ -\ 6 \\ \hline \end{array}$$

⑥
$$\begin{array}{r} 90 \\ -\ 9 \\ \hline \end{array}$$

今日で 10回。この ちょうしだ！

答え ▶ 86ページ

11 十のくらいから くり下がる ひき算②

1 計算を しましょう。答えの たしかめも しましょう。

1つ3点【30点】

① 　（ひっ算）　　（たしかめ）

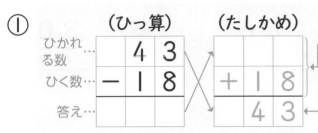

❶答えに ひく数を たす。

❷❶の 答えが ひかれる数に
なって いるか どうかで
答えの たしかめが できる。

②　（ひっ算）　（たしかめ）

```
  8 5
- 2 6
```

③　（ひっ算）　（たしかめ）

```
  9 0
- 3 7
```

④　（ひっ算）　（たしかめ）

```
  3 2
-   7
```

⑤　（ひっ算）　（たしかめ）

```
  5 0
-   3
```

2 ひっ算で しましょう。答えの たしかめも しましょう。

1つ5点【20点】

① 70−56

（ひっ算）　（たしかめ）

② 55−49

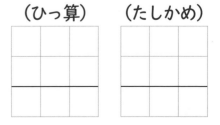

（ひっ算）　（たしかめ）

3 計算を　しましょう。

①
$$\begin{array}{r} 50 \\ -17 \\ \hline \end{array}$$

②
$$\begin{array}{r} 74 \\ -69 \\ \hline \end{array}$$

③
$$\begin{array}{r} 80 \\ -68 \\ \hline \end{array}$$

④
$$\begin{array}{r} 65 \\ -\ \ 6 \\ \hline \end{array}$$

⑤
$$\begin{array}{r} 46 \\ -27 \\ \hline \end{array}$$

⑥
$$\begin{array}{r} 80 \\ -75 \\ \hline \end{array}$$

⑦
$$\begin{array}{r} 90 \\ -56 \\ \hline \end{array}$$

⑧
$$\begin{array}{r} 40 \\ -\ \ 2 \\ \hline \end{array}$$

⑨
$$\begin{array}{r} 72 \\ -47 \\ \hline \end{array}$$

⑩
$$\begin{array}{r} 53 \\ -\ \ 6 \\ \hline \end{array}$$

計算を　したら、
答えの　たしかめも
すると　いいよ。

4 ひっ算で　しましょう。答えの　たしかめも　しましょう。

① 52−18

（ひっ算）　　（たしかめ）

② 60−4

（ひっ算）　　（たしかめ）

くり下がりの　ある　計算も，なれれば　かんたん！

答え ▶ 87ページ

12 ひき算の　ひっ算の　れんしゅう①

とく点　　　点

1 計算を　しましょう。

1つ3点【24点】

① 36 − 13　② 40 − 25　③ 59 − 3　④ 30 − 8

⑤ 74 − 27　⑥ 54 − 4　⑦ 85 − 70　⑧ 62 − 56

2 ひっ算で　しましょう。

1つ3点【24点】

① 65−49　② 39−2　③ 57−48　④ 98−90

⑤ 80−73　⑥ 29−26　⑦ 43−6　⑧ 70−30

3 計算を しましょう。

1つ3点【36点】

① 41
  −18

② 67
  −42

③ 34
  −30

④ 90
  −52

⑤ 55
  −31

⑥ 38
  − 9

⑦ 45
  −36

⑧ 61
  − 6

⑨ 72
  −50

⑩ 60
  − 3

⑪ 32
  −17

⑫ 87
  −37

くり下がりの ある 計算と ない計算が まざって いるから，気を つけようね。

4 ひっ算で しましょう。答えの たしかめも しましょう。

1つ4点【16点】

① 53−21

（ひっ算）　（たしかめ）

② 44−6

（ひっ算）　（たしかめ）

れんしゅうを くりかえして，計算力を つけよう！

答え ▶ 87ページ

13 たし算と　ひき算の ひっ算の　れんしゅう①

月　　日　　15分

とく点

点

1 計算を　しましょう。

1つ3点【24点】

①
```
    5 3
+   2 6
```

②
```
    7 4
+   1 8
```

③
```
      6
+   3 1
```

④
```
    6 7
+     3
```

⑤
```
    3 5
−   1 8
```

⑥
```
    7 8
−     8
```

⑦
```
    5 7
−     9
```

⑧
```
    4 6
−   1 2
```

2 ひっ算で　しましょう。

1つ3点【24点】

① 60＋8　② 28＋24　③ 25＋45　④ 3＋48

⑤ 58−36　⑥ 96−29　⑦ 84−40　⑧ 30−3

3 計算を しましょう。　　　　　　　　　　　1つ4点【32点】

① 　13
　＋40

② 　　2
　＋88

③ 　34
　＋59

④ 　76
　＋　8

⑤ 　90
　－24

⑥ 　72
　－　3

⑦ 　44
　－29

⑧ 　68
　－62

4 ひっ算で しましょう。　　　　　　　　　　1つ4点【20点】

① 14＋62

② 5＋86

③ 49＋33

④ 92－89

⑤ 64－5

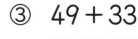

②や ⑤は，くらいの
そろえ方に 気を つけてね。

つぎは 楽しい パズルだよ。

答え ▶ 87ページ

14 算数パズル 〔いくつ 通るかな？〕

① 計算を して, 答えが つぎの 計算の はじめの 数に なるように すすみ, 通った のりものに のります。

ゴールまでに, いくつ のりものに のれましたか。

スタート

58+4=

40-9=

62-22=

31+53=

72-10=

84-6=

78-23=

ゴール

55+5=

答え

31

2 計算を して, 答えが つぎの 計算の はじめの 数に なるように すすみ, 通った 店で 買いものを します。
　ゴールまでに, いくつの 店で 買いものを しましたか。

スタート

いってきます

にく
$$\begin{array}{r} 49 \\ + 46 \\ \hline \end{array}$$

ケーキ
$$\begin{array}{r} 95 \\ - 58 \\ \hline \end{array}$$

やさい
$$\begin{array}{r} 85 \\ - 57 \\ \hline \end{array}$$

はな
$$\begin{array}{r} 37 \\ - 9 \\ \hline \end{array}$$

パン
$$\begin{array}{r} 28 \\ + 43 \\ \hline \end{array}$$

ぶんぼうぐ
$$\begin{array}{r} 32 \\ - 14 \\ \hline \end{array}$$

さかな
$$\begin{array}{r} 71 \\ - 55 \\ \hline \end{array}$$

ほん
$$\begin{array}{r} 16 \\ + 64 \\ \hline \end{array}$$

ゴール

ただいま

答え

答え ▶ 88ページ

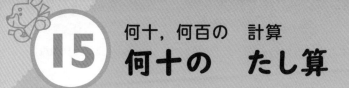

15 何十，何百の 計算
何十の たし算

1 計算を しましょう。

1つ2点【34点】

① 40 ＋ 70 ＝ 110

10 10 10 10 ＋ 10 10 10 10 10 10　← 10が （4＋7）で,
10 10　　　　　　　　　11に

② 90 ＋ 30 ＝ □

③ 60 ＋ 80 ＝ □

④ 80 ＋ 70 ＝ □

⑤ 70 ＋ 60 ＝ □

⑥ 60 ＋ 50 ＝ □

⑦ 30 ＋ 90 ＝ □

⑧ 20 ＋ 90 ＝ □

⑨ 90 ＋ 60 ＝ □

⑩ 80 ＋ 40 ＝ □

⑪ 50 ＋ 80 ＝ □

⑫ 50 ＋ 60 ＝ □

⑬ 80 ＋ 90 ＝ □

⑭ 70 ＋ 90 ＝ □

⑮ 70 ＋ 50 ＝ □

⑯ 30 ＋ 80 ＝ □

⑰ 60 ＋ 90 ＝ □

10の たばで 考えると,
1けたの たし算に なるね。

2 計算を しましょう。

① $80 + 30$

② $90 + 90$

③ $40 + 80$

④ $50 + 70$

⑤ $70 + 40$

⑥ $80 + 60$

⑦ $90 + 80$

⑧ $50 + 90$

⑨ $60 + 70$

⑩ $70 + 80$

⑪ $40 + 90$

⑫ $90 + 20$

⑬ $80 + 50$

⑭ $90 + 70$

⑮ $80 + 80$

⑯ $70 + 60$

⑰ $90 + 50$

⑱ $30 + 90$

⑲ $70 + 70$

⑳ $60 + 60$

㉑ $90 + 40$

㉒ $30 + 80$

べん強は, 楽しく やるのが いちばん！

答え ▶ 88ページ

16 何十，何百の 計算
何十，何百の たし算

月　　日
とく点

10
分

点

1 計算を　しましょう。

1つ2点【22点】

① 200 ＋ 400 ＝ 600

100 100 ＋ 100 100 100 100 ← 100 が （2＋4）で，
6こ

② 300 ＋ 100 ＝ ☐

③ 400 ＋ 500 ＝ ☐

④ 500 ＋ 200 ＝ ☐

⑤ 700 ＋ 300 ＝ ☐

⑥ 200 ＋ 800 ＝ ☐

⑦ 230 ＋ 50 ＝ 280
200 30 —→ 30と 50で 80

⑧ 640 ＋ 30 ＝ ☐

⑨ 760 ＋ 10 ＝ ☐

⑩ 400 ＋ 20 ＝ ☐

⑪ 600 ＋ 5 ＝ ☐

2 計算を　しましょう。

1つ2点【12点】

① 800 ＋ 300 ＝ 1100

100 100 100 100 ＋ 100 100 ← 100 が （8＋3）で，
100 100 100 100 　　100 　　11こ

② 900 ＋ 900 ＝ ☐

③ 500 ＋ 700 ＝ ☐

④ 700 ＋ 800 ＝ ☐

⑤ 900 ＋ 400 ＝ ☐

⑥ 500 ＋ 900 ＝ ☐

100の たばで
考えて 計算しよう。

35

3 計算を　しましょう。

1つ3点【36点】

① 100 + 500

② 600 + 200

③ 200 + 300

④ 500 + 400

⑤ 300 + 100

⑥ 400 + 300

⑦ 500 + 500

⑧ 400 + 600

⑨ 120 + 50

⑩ 850 + 30

⑪ 200 + 70

⑫ 300 + 4

4 計算を　しましょう。

1つ3点【30点】

① 700 + 600

② 900 + 800

③ 800 + 800

④ 400 + 700

⑤ 800 + 400

⑥ 700 + 900

⑦ 900 + 500

⑧ 200 + 900

⑨ 500 + 800

⑩ 700 + 500

計算を　毎日　つづければ，計算力が　つくよ！

答え ▶ 88ページ

何十，何百の　計算
何十の　ひき算

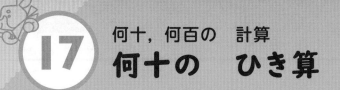

月　　日　　**10**分
とく点

点

1 計算を　しましょう。

1つ2点【34点】

① $120 - 30 =$ 〔90〕

10 10 10 10 10 10 10 ⟮10 10 10 10⟯ ← 10 が（12−3）
10 10　　　　　　　　　　　　　で, 9こ

② $160 - 90 =$ ☐　　③ $130 - 70 =$ ☐

④ $110 - 50 =$ ☐　　⑤ $150 - 80 =$ ☐

⑥ $120 - 80 =$ ☐　　⑦ $140 - 50 =$ ☐

⑧ $140 - 70 =$ ☐　　⑨ $110 - 30 =$ ☐

⑩ $130 - 40 =$ ☐　　⑪ $120 - 60 =$ ☐

⑫ $150 - 60 =$ ☐　　⑬ $130 - 90 =$ ☐

⑭ $130 - 50 =$ ☐　　⑮ $160 - 80 =$ ☐

⑯ $140 - 90 =$ ☐　　⑰ $120 - 40 =$ ☐

10の　たばで　考えると,
計算が　かんたんだね。

① 110 － 20

② 120 － 90

③ 160 － 70

④ 130 － 60

⑤ 110 － 90

⑥ 170 － 80

⑦ 170 － 90

⑧ 110 － 40

⑨ 140 － 80

⑩ 150 － 70

⑪ 120 － 70

⑫ 130 － 40

⑬ 110 － 80

⑭ 120 － 30

⑮ 150 － 90

⑯ 110 － 70

⑰ 140 － 60

⑱ 130 － 80

⑲ 180 － 90

⑳ 120 － 50

㉑ 110 － 60

㉒ 150 － 80

今日の ちょう子は どうだった？

答え ▶ 89ページ

何十，何百の　ひき算

1 計算を　しましょう。

1つ2点【34点】

① $500 - 300 =$ 200　　　100 100 ⦙100 100 100⦙ ← 100 が（5−3）で，2こ

② $900 - 500 =$ ☐　　　③ $800 - 200 =$ ☐

④ $400 - 100 =$ ☐　　　⑤ $700 - 400 =$ ☐

⑥ $800 - 300 =$ ☐　　　⑦ $600 - 500 =$ ☐

⑧ $1000 - 400 =$ 600　　　100 100 100 100 100 ← 100 が（10−4）で，6こ
　　　　　　　　　　　　　　⦙100 100 100 100 100⦙

⑨ $1000 - 700 =$ ☐　　　⑩ $1000 - 200 =$ ☐

⑪ $1000 - 500 =$ ☐　　　⑫ $1000 - 900 =$ ☐

⑬ $370 - 50 =$ 320　　　⑭ $680 - 60 =$ ☐
　　　300 70←70から　50を　ひいて　20

⑮ $490 - 40 =$ ☐　　　⑯ $830 - 30 =$ ☐

⑰ $504 - 4 =$ ☐

①～⑫は，100の　たばで
考えると，計算が　かんたんだよ。

2 計算を　しましょう。

① 200 － 100

② 1000 － 600

③ 700 － 300

④ 800 － 500

⑤ 1000 － 800

⑥ 600 － 400

⑦ 300 － 200

⑧ 500 － 200

⑨ 1000 － 300

⑩ 1000 － 900

⑪ 600 － 100

⑫ 800 － 600

⑬ 900 － 700

⑭ 1000 － 100

⑮ 500 － 400

⑯ 900 － 300

⑰ 700 － 500

⑱ 380 － 40

⑲ 490 － 80

⑳ 850 － 20

㉑ 207 － 7

㉒ 950 － 50

べん強に　近道は　ないよ。コツコツ　がんばろうね。

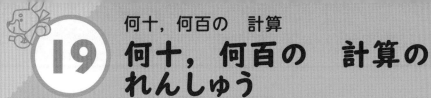

何十，何百の　計算

19 何十，何百の　計算の れんしゅう

月	日	10分
とく点		
		点

1 計算を　しましょう。　　　　　　　　1つ2点【28点】

① 70＋40　　　　　　② 90＋60

③ 80＋50　　　　　　④ 90＋90

⑤ 50＋70　　　　　　⑥ 30＋80

⑦ 80＋80　　　　　　⑧ 110－60

⑨ 150－80　　　　　　⑩ 120－90

⑪ 140－70　　　　　　⑫ 130－50

⑬ 120－40　　　　　　⑭ 160－70

2 計算を　しましょう。　　　　　　　　1つ2点【12点】

① 210＋40　　　　　　② 600＋90

③ 500＋8　　　　　　④ 760－50

⑤ 420－20　　　　　　⑥ 308－8

41

3 計算を　しましょう。

① 600＋300

② 300＋700

③ 400＋400

④ 200＋500

⑤ 100＋900

⑥ 300＋200

⑦ 800＋200

⑧ 600－400

⑨ 1000－300

⑩ 500－200

⑪ 700－100

⑫ 1000－800

⑬ 800－400

⑭ 1000－500

4 計算を　しましょう。

① 700＋900

② 800＋400

③ 500＋600

④ 900＋800

⑤ 400＋700

⑥ 600＋900

今日も　さいごまで　がんばったね。

答え ▶ 89ページ

20 百のくらいに　くり上がる たし算

月　　日　　10分

とく点　　　　　　　　点

1 計算を しましょう。

1つ3点【24点】

①
```
   7 2
 + 5 4
 1 2 6
```
❶一のくらいは，2+4=6
❷十のくらいは，7+5=12
百のくらいに
1　くり上げる。

②
```
   3 5
 + 8 1
```

③
```
   6 3
 + 9 4
```

④
```
   8 7
 + 4 2
```

⑤
```
   2 4
 + 9 5
```

⑥
```
   3 8
 + 9 0
```

⑦
```
   8 7
 + 6 0
```

⑧
```
   5 0
 + 7 3
```

2 計算を しましょう。

1つ4点【20点】

①
```
   5 2
 + 5 6
```

②
```
   6 3
 + 4 3
```

③
```
   7 5
 + 3 4
```

④
```
   8 0
 + 2 7
```

⑤
```
   9 1
 + 1 0
```

答えの　十のくらいの 0を　書きわすれない ように！

43

3 計算を しましょう。

①
```
   4 2
+  8 3
```

②
```
   2 5
+  9 4
```

③
```
   6 1
+  7 6
```

④
```
   9 0
+  6 7
```

⑤
```
   3 0
+  9 8
```

⑥
```
   8 0
+  4 1
```

⑦
```
   5 4
+  8 0
```

⑧
```
   7 6
+  7 0
```

⑨
```
   9 3
+  6 0
```

⑩
```
   4 2
+  6 2
```

⑪
```
   3 0
+  7 1
```

⑫
```
   5 4
+  5 0
```

4 ひっ算で しましょう。

① 53＋76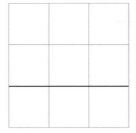

② 95＋10

半分を すぎたよ。よく がんばったね。

答え ▶ 90ページ

21 くり上がりが　2回　ある　たし算①

1 計算を　しましょう。

1つ3点【24点】

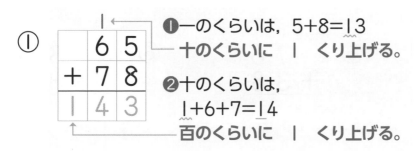

①
```
   6 5
+  7 8
─────
 1 4 3
```

❶一のくらいは，5+8=13
　十のくらいに　1　くり上げる。

❷十のくらいは，
　1+6+7=14
　百のくらいに　1　くり上げる。

②
```
   5 7
+  6 4
─────
```

③
```
   7 3
+  5 8
─────
```

④
```
   9 6
+  6 7
─────
```

⑤
```
   4 9
+  6 4
─────
```

⑥
```
   8 6
+  2 6
─────
```

⑦
```
   5 8
+  4 6
─────
```

⑧
```
   3 8
+  6 2
─────
```

2 計算を　しましょう。

1つ4点【20点】

①
```
   9 4
+    7
─────
```

②
```
   9 5
+    9
─────
```

③
```
   9 1
+    9
─────
```

④
```
     8
+  9 8
─────
```

⑤
```
     4
+  9 6
─────
```

答えは　3けたの　数に　なるね。

45

3 計算を しましょう。

1つ4点【36点】

①
$$\begin{array}{r} 49 \\ +73 \\ \hline \end{array}$$

②
$$\begin{array}{r} 56 \\ +85 \\ \hline \end{array}$$

③
$$\begin{array}{r} 92 \\ +69 \\ \hline \end{array}$$

④
$$\begin{array}{r} 87 \\ +65 \\ \hline \end{array}$$

⑤
$$\begin{array}{r} 76 \\ +38 \\ \hline \end{array}$$

⑥
$$\begin{array}{r} 18 \\ +83 \\ \hline \end{array}$$

⑦
$$\begin{array}{r} 26 \\ +77 \\ \hline \end{array}$$

⑧
$$\begin{array}{r} 61 \\ +39 \\ \hline \end{array}$$

⑨
$$\begin{array}{r} 42 \\ +58 \\ \hline \end{array}$$

4 計算を しましょう。

1つ4点【20点】

①
$$\begin{array}{r} 99 \\ +\ \ 4 \\ \hline \end{array}$$

②
$$\begin{array}{r} 96 \\ +\ \ 5 \\ \hline \end{array}$$

③
$$\begin{array}{r} 8 \\ +97 \\ \hline \end{array}$$

④
$$\begin{array}{r} 93 \\ +\ \ 7 \\ \hline \end{array}$$

⑤
$$\begin{array}{r} 6 \\ +94 \\ \hline \end{array}$$

ちょう子が わるくても あせらないで！

答え ▶ 90ページ

22 くり上がりが 2回 ある たし算②

1 計算を しましょう。

1つ3点【24点】

①
```
  3 5
+ 8 9
```

②
```
  6 7
+ 6 7
```

③
```
  2 9
+ 8 9
```

④
```
  4 6
+ 5 4
```

⑤
```
  2 1
+ 7 9
```

⑥
```
    5
+ 9 8
```

⑦
```
  9 4
+   8
```

⑧
```
    3
+ 9 7
```

くり上がりが 2回
つづく 計算は,
ミスしやすいので
ちゅうい!

2 ひっ算で しましょう。

1つ4点【16点】

① 47＋84

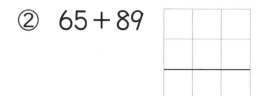
```
  4 7
+ 8 4
```
くらいを たてに →
そろえて 書いて
から 計算する。

② 65＋89

③ 96＋5

④ 2＋98

3 計算を しましょう。　　　　　　　　　　　　　1つ4点【36点】

① 　　53
　　＋89

② 　　85
　　＋15

③ 　　36
　　＋68

④ 　　　8
　　＋92

⑤ 　　59
　　＋42

⑥ 　　13
　　＋98

⑦ 　　78
　　＋47

⑧ 　　73
　　＋27

⑨ 　　99
　　＋　6

4 ひっ算で しましょう。　　　　　　　　　　　　1つ6点【24点】

① 28＋97

② 64＋47

③ 96＋4

④ 7＋95

べん強は 毎日の つみかさねが だいじだよ。

答え ▶ 90ページ

23 たし算の　ひっ算の れんしゅう②

1 計算を　しましょう。

1つ3点【24点】

①
```
  5 1
+ 6 3
─────
```

②
```
  7 2
+ 8 9
─────
```

③
```
  6 7
+ 3 6
─────
```

④
```
  4 0
+ 6 2
─────
```

⑤
```
  3 3
+ 9 7
─────
```

⑥
```
  9 4
+   9
─────
```

⑦
```
  2 9
+ 7 1
─────
```

⑧
```
    8
+ 9 2
─────
```

2 ひっ算で　しましょう。

1つ4点【28点】

① 86＋22　② 67＋76　③ 7＋95　④ 57＋69

⑤ 98＋2　⑥ 74＋80　⑦ 83＋17

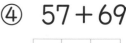
くらいの　そろえ方を
まちがえないように！

3 計算を しましょう。

1つ3点【36点】

①
```
   17
 + 87
```

②
```
   69
 + 84
```

③
```
   82
 + 26
```

④
```
   34
 + 98
```

⑤
```
   45
 + 72
```

⑥
```
   99
 +  5
```

⑦
```
   53
 + 47
```

⑧
```
   66
 + 68
```

⑨
```
   86
 + 90
```

⑩
```
   26
 + 75
```

⑪
```
    7
 + 93
```

⑫
```
   49
 + 89
```

4 ひっ算で しましょう。

1つ4点【12点】

① 16＋85

② 43＋97

③ 7＋98

毎日の べん強で, 力は しっかり ついて いるよ。

答え ▶ 91ページ

24 百のくらいから
くり下がる　ひき算

月　　日　15分
とく点

点

1 計算を　しましょう。

1つ3点【24点】

①
```
  1 2 6
-   7 2
    5 4
```

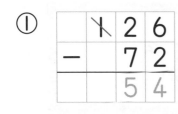

❶一のくらいは,
　6−2=4
❷十のくらいは, 百の
　くらいから 1 くり
　下げて, 12−7=5

②
```
  1 4 7
-   5 3
```

③
```
  1 3 8
-   8 6
```

④
```
  1 5 4
-   8 4
```

⑤
```
  1 3 5
-   9 5
```

⑥
```
  1 6 9
-   7 9
```

⑦
```
  1 4 5
-   8 0
```

⑧
```
  1 2 7
-   4 0
```

2 計算を　しましょう。

1つ4点【20点】

①
```
  1 0 8
-   5 3
```

②
```
  1 0 6
-   8 2
```

③
```
  1 0 9
-   4 6
```

④
```
  1 0 2
-   9 1
```

⑤
```
  1 0 7
-   9 4
```

答えは　2けたの　数に
なるんだね。

① 　　165
　　－　73

② 　　178
　　－　82

③ 　　119
　　－　86

④ 　　174
　　－　94

⑤ 　　146
　　－　66

⑥ 　　189
　　－　99

⑦ 　　136
　　－　80

⑧ 　　114
　　－　50

⑨ 　　158
　　－　80

⑩ 　　103
　　－　21

⑪ 　　105
　　－　82

⑫ 　　108
　　－　92

4 ひっ算で しましょう。　　　　　　　　1つ4点【8点】

① 159－63

② 104－53

おつかれさま！　今日も　がんばったね。

答え ▶ 91ページ

25 くり下がりが　2回　ある　ひき算①

月　日　15分

とく点　　　　　　　　　点

---

1 計算を　しましょう。　　　　　　　　　　1つ3点【21点】

①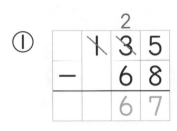

❶一のくらいは，十のくらいから
　１　くり下げて，15−8＝7
❷十のくらいは，１　くり下げたので　2
　百のくらいから　１　くり下げて，
　12−6＝6

②
```
  1 2 3
−   5 4
```

③
```
  1 5 4
−   6 9
```

④
```
  1 6 1
−   8 5
```

⑤
```
  1 4 6
−   7 9
```

⑥
```
  1 5 2
−   9 4
```

⑦
```
  1 8 5
−   9 8
```

2 計算を　しましょう。　　　　　　　　　　1つ3点【18点】

①
```
  1 9 2
−   9 5
```

②
```
  1 1 1
−   1 3
```

③
```
  1 2 5
−   2 9
```

④
```
  1 5 0
−   5 2
```

⑤
```
  1 7 0
−   7 1
```

⑥
```
  1 8 0
−   8 4
```

3 計算を しましょう。 　　　　　　　　　　　　1つ4点【36点】

① 　125
　－　49

② 　131
　－　78

③ 　124
　－　35

④ 　146
　－　98

⑤ 　115
　－　67

⑥ 　137
　－　98

⑦ 　152
　－　65

⑧ 　182
　－　98

⑨ 　167
　－　89

4 計算を しましょう。 　　　　　　　　　　　　1つ5点【25点】

① 　134
　－　38

② 　152
　－　57

③ 　186
　－　88

④ 　140
　－　43

⑤ 　160
　－　65

くり下がりが 2回
つづく 計算は，
ミスしやすいので，
ちゅういしよう。

気分が のらない ときは，リフレッシュしよう。

答え ▶ 91ページ

26 くり下がりが　2回　ある　ひき算②

月　　日

とく点

点

1 計算を　しましょう。

1つ3点【21点】

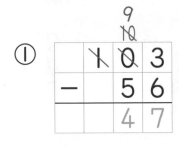

①
```
   9
  10
 X 0 3
-  5 6
   4 7
```

❶一のくらいは，百のくらいから
十のくらいへ　1　くり下げ，つぎに，
十のくらいから　一のくらいへ
1　くり下げて，13−6＝7

❷十のくらいは，1　くり下げたので　9
9−5＝4

②
```
 1 0 2
-  4 8
```

③
```
 1 0 1
-  7 4
```

④
```
 1 0 4
-  9 6
```

⑤
```
 1 0 6
-  9 9
```

⑥
```
 1 0 2
-    7
```

⑦
```
 1 0 7
-    8
```

2 計算を　しましょう。

1つ3点【18点】

①
```
 1 0 0
-    7
```

②
```
 1 0 0
-    5
```

③
```
 1 0 0
-  6 4
```

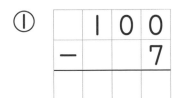
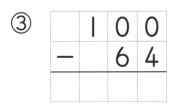

④
```
 1 0 0
-  4 2
```

⑤
```
 1 0 0
-  9 3
```

⑥
```
 1 0 0
-  9 6
```

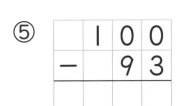
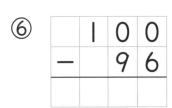

3 計算を しましょう。 1つ4点【36点】

①
```
  1 0 1
-   2 3
```

②
```
  1 0 3
-   5 8
```

③
```
  1 0 4
-   3 6
```

④
```
  1 0 7
-   4 8
```

⑤
```
  1 0 5
-   1 9
```

⑥
```
  1 0 2
-   9 3
```

⑦
```
  1 0 4
-   9 7
```

⑧
```
  1 0 1
-   9 9
```

⑨
```
  1 0 6
-     8
```

4 計算を しましょう。 1つ5点【25点】

①
```
  1 0 0
-     1
```

②
```
  1 0 0
-     4
```

③
```
  1 0 0
-   5 5
```

④
```
  1 0 0
-   8 3
```

⑤
```
  1 0 0
-   9 2
```

百のくらいから
じゅんに くり
下げて いくよ。

ひっ算の しかたにも なれて きたかな?

答え ▶ 92ページ

15分

月　日　とく点　　　点

1 計算を　しましょう。

1つ4点【24点】

①
```
  1 2 6
-   5 9
```

②
```
  1 1 2
-   6 5
```

③
```
  1 7 1
-   7 5
```

④
```
  1 2 0
-   2 3
```

⑤
```
  1 0 7
-   9 9
```

⑥
```
  1 0 3
-     5
```

2 ひっ算で　しましょう。

1つ4点【24点】

① 132－89

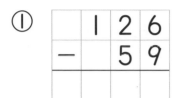
```
  1 3 2
-   8 9
```

くらいを　たてに　そろえて
書いてから　計算する。

② 174－87

③ 161－68

④ 120－21

⑤ 104－46

⑥ 100－95

57

3 計算を しましょう。 1つ4点【36点】

① 143 − 75

② 161 − 94

③ 122 − 23

④ 160 − 64

⑤ 104 − 58

⑥ 102 − 67

⑦ 105 − 8

⑧ 100 − 33

⑨ 100 − 2

4 ひっ算で しましょう。 1つ4点【16点】

① 137−49

② 150−52

③ 101−84

④ 100−6

くらいを たてに そろえて 書いて 計算するんだよ。

28 ひき算の　ひっ算の れんしゅう②

月　日　15分
とく点
点

1 計算を　しましょう。

1つ3点【36点】

①
```
  1 7 3
-   9 1
```

②
```
  1 3 4
-   5 9
```

③
```
  1 5 1
-   7 1
```

④
```
  1 6 6
-   7 8
```

⑤
```
  1 0 8
-   4 7
```

⑥
```
  1 0 1
-   5 3
```

⑦
```
  1 3 4
-   6 0
```

⑧
```
  1 0 3
-     8
```

⑨
```
  1 0 0
-   3 4
```

⑩
```
  1 4 0
-   4 8
```

⑪
```
  1 0 0
-     9
```

⑫
```
  1 2 3
-   3 6
```

2 ひっ算で　しましょう。

1つ5点【10点】

① 133－85

② 104－79

3 計算を しましょう。　　　　　　　　　　　　　　1つ3点【36点】

① 　111
　－　56

② 　142
　－　43

③ 　100
　－　32

④ 　145
　－　72

⑤ 　106
　－　98

⑥ 　165
　－　70

⑦ 　109
　－　26

⑧ 　123
　－　88

⑨ 　100
　－　　8

⑩ 　101
　－　15

⑪ 　174
　－　76

⑫ 　153
　－　63

くり下がりが　1回の　計算と
2回の　計算が　まざって　いるよ。

4 ひっ算で しましょう。　　　　　　　　　　　　　1つ6点【18点】

① 130－37

② 107－60

③ 100－4

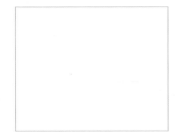

今日も　いっぱい　れんしゅうできたね。

答え ▶ 92ページ

3けたの 数の たし算①

月　　日
とく点
点
15分

1 計算を しましょう。

1つ3点【36点】

①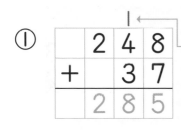

   2 4 8
+   3 7
───────
  2 8 5

❶一のくらいは, 8+7=15
　十のくらいに
　1 くり上げる。
❷十のくらいは,
　1+4+3=8
❸百のくらいは 2

3けたの 数の たし算も,
一のくらいから
計算すれば いいよ。

②
    2 4
+ 5 6 1
───────

③
 8 5 6
+   1 3
───────

④
 5 0 2
+   4 2
───────

⑤
   3 9
+ 6 3 0
───────

⑥
 9 1 6
+   6 5
───────

⑦
    2 4
+ 1 5 9
───────

⑧
 3 1 2
+   2 8
───────

⑨
 4 0 7
+   8 7
───────

⑩
    4 6
+ 5 0 4
───────

⑪
     6
+ 2 6 8
───────

⑫
 7 0 5
+   5
───────

② 計算を しましょう。

① 　　173
　＋　　18

② 　　214
　＋　　31

③ 　　　59
　＋326

④ 　　103
　＋　75

⑤ 　　　　8
　＋208

⑥ 　　532
　＋　24

⑦ 　　　43
　＋629

⑧ 　　415
　＋　　7

⑨ 　　　20
　＋340

⑩ 　　　34
　＋436

⑪ 　　622
　＋　49

⑫ 　　507
　＋　　3

⑬ 　　　17
　＋942

⑭ 　　804
　＋　37

⑮ 　　　　9
　＋331

⑯ 　　　25
　＋658

一のくらいの　計算で
くり上がりが　あるか
ないかに　ちゅういしよう。

数が　大きく　なっても，がんばって　計算できたね！

答え ▶ 93ページ

30 たし算と ひき算の ひっ算 (2)

3けたの 数の たし算②

月　日

とく点

点

1 計算を しましょう。　　　　　　　　1つ4点【24点】

①
```
  3 2 9
+   2 1
```

②
```
    5 4
+ 1 1 8
```

③
```
  4 3 5
+   3 2
```

④
```
      7
+ 2 0 3
```

⑤
```
  1 2 6
+   4 9
```

⑥
```
    6 8
+ 6 0 7
```

2 ひっ算で しましょう。　　　　　　　1つ4点【24点】

① 127＋36

```
  1 2 7
+   3 6
```

くらいを たてに そろえて
書いてから 計算する。

② 45＋432

③ 259＋9

④ 62＋328

⑤ 5＋607

⑥ 974＋18

63

3 計算を しましょう。

1つ4点【36点】

① 　　43
　　+438

② 　504
　　+ 19

③ 　　25
　　+145

④ 　916
　　+ 51

⑤ 　　　7
　　+327

⑥ 　633
　　+ 39

⑦ 　105
　　+　 8

⑧ 　　44
　　+206

⑨ 　756
　　+ 13

4 ひっ算で しましょう。

1つ4点【16点】

① 49＋205

② 922＋42

③ 638＋52

④ 6＋416

くり上がりの
ある　なしに
気を　つけよう。

めざせ　計算名人！

答え ▶ 93ページ

31 たし算と ひき算の ひっ算 (2)
3けたの 数の ひき算①

月　日　とく点　15分　点

1 計算を しましょう。

1つ3点【36点】

①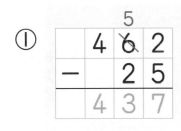

```
    5
  4 6 2
−   2 5
  4 3 7
```

❶一のくらいは，十のくらい
　から １ くり下げて，
　12−5=7
❷十のくらいは，5−2=3
❸百のくらいは　4

3けたの 数の ひき算も，
一のくらいから
計算すれば いいね。

②
```
  2 6 5
−   1 3
```

③
```
  5 5 9
−   4 5
```

④
```
  7 3 7
−   3 2
```

⑤
```
  6 9 8
−   5 8
```

⑥
```
  5 4 1
−   1 7
```

⑦
```
  8 8 3
−   5 4
```

⑧
```
  9 5 2
−   3 6
```

⑨
```
  1 7 3
−   6 9
```

⑩
```
  6 9 0
−   8 2
```

⑪
```
  7 8 4
−     5
```

⑫
```
  2 1 0
−     6
```

①　　163
　　− 18

②　　432
　　− 29

③　　344
　　− 31

④　　225
　　−　8

⑤　　419
　　−　7

⑥　　540
　　− 24

⑦　　568
　　− 64

⑧　　753
　　− 45

⑨　　874
　　− 37

⑩　　756
　　− 25

⑪　　992
　　− 66

⑫　　680
　　−　9

⑬　　155
　　− 47

⑭　　311
　　−　6

⑮　　263
　　− 43

⑯　　270
　　− 31

十のくらいから　一のくらいへの
くり下がりが　あるか　ないかに
ちゅういしよう。

今日も　まじめに　べん強できたね。おつかれさま！

答え ▶ 93ページ

1 計算を　しましょう。

1つ4点【24点】

①
```
  7 4 6
-   4 1
```

②
```
  2 8 2
-   5 7
```

③
```
  5 3 0
-   1 6
```

④
```
  6 5 1
-     3
```

⑤
```
  4 9 5
-   2 3
```

⑥
```
  3 6 7
-   5 9
```

2 ひっ算で　しましょう。

1つ4点【24点】

① 536−27

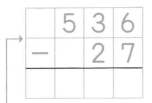
```
  5 3 6
-   2 7
```

くらいを　たてに　そろえて
書いてから　計算する。

② 425−9

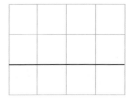

③ 682−51

④ 710−4

⑤ 164−35

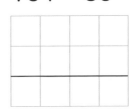

⑥ 253−19

3 計算を しましょう。　　　　　　　　　　　　　　1つ4点【36点】

①
```
  450
-  29
```

②
```
  383
-  36
```

③
```
  692
-  43
```

④
```
  567
-  64
```

⑤
```
  724
-   5
```

⑥
```
  271
-  68
```

⑦
```
  130
-   2
```

⑧
```
  845
-  27
```

⑨
```
  958
-  34
```

4 計算を しましょう。　　　　　　　　　　　　　　1つ4点【16点】

① 894－57

② 511－2

③ 259－26

④ 360－45

くり下がりの
ある　なしに
気を　つけよう。

33 3けたの 数の たし算，ひき算の れんしゅう

月　日　15分

とく点

点

1 計算を しましょう。

1つ2点【10点】

①
```
  3 4 2
+   1 9
```

②
```
    2 8
+ 6 5 2
```

③
```
  1 4 5
+     7
```

④
```
  2 3 1
-   1 6
```

⑤
```
  9 6 0
-   4 8
```

くり上がりや くり下がりに
ちゅういしようね。

2 計算を しましょう。

1つ3点【36点】

①
```
   5 4
+2 3 8
```

②
```
4 7 1
+  2 5
```

③
```
7 0 9
+    9
```

④
```
   4 1
+5 2 9
```

⑤
```
     6
+8 1 4
```

⑥
```
3 5 2
+  3 0
```

⑦
```
5 8 7
-  2 7
```

⑧
```
1 5 0
-    3
```

⑨
```
4 9 3
-  8 4
```

⑩
```
4 6 6
-  5 2
```

⑪
```
7 3 6
-    8
```

⑫
```
5 4 2
-  3 6
```

3 ひっ算で しましょう。 1つ4点【24点】

① 512＋36

② 24＋469

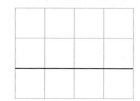

③ 8＋318

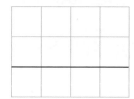

④ 163－57

⑤ 850－15

⑥ 456－46

4 ひっ算で しましょう。 1つ5点【30点】

① 47＋635

② 228＋2

③ 39＋946

④ 632－26

⑤ 590－32

⑥ 275－7

くりかえしれんしゅうで 計算力が どんどん つくよ。

答え ▶ 94ページ

34 たし算と　ひき算の
ひっ算の　れんしゅう②

1 計算を しましょう。

1つ3点【48点】

①
```
  4 5
+ 6 9
```

②
```
  2 7 6
+   1 8
```

③
```
  8 5
+ 5 2
```

④
```
  9 8
+   5
```

⑤
```
  7 2
+ 2 8
```

⑥
```
  6 3
+ 8 9
```

⑦
```
      7
+ 3 0 9
```

⑧
```
  5 6
+ 5 3
```

⑨
```
  1 0 5
-   2 4
```

⑩
```
  4 6 1
-   5 5
```

⑪
```
  1 2 4
-   2 9
```

⑫
```
  1 0 0
-   6 1
```

⑬
```
  5 4 0
-     3
```

⑭
```
  1 0 2
-   7 5
```

⑮
```
  1 3 4
-   8 8
```

⑯
```
  1 0 4
-     7
```

たし算も　ひき算も　あるから、
おちついて　計算しようね。

71

2 ひっ算で しましょう。

① 15＋85　② 64＋93　③ 6＋97　④ 93＋7

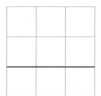 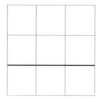 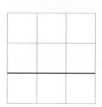

⑤ 100－2　　⑥ 152－36　　⑦ 103－84

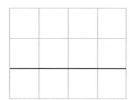  

3 ひっ算で しましょう。

① 54＋84　　② 76＋68　　③ 239＋43

④ 167－63　　⑤ 135－79　　⑥ 103－6

 ミスした 計算に また ちょうせんして みよう！

答え ▶ 94ページ

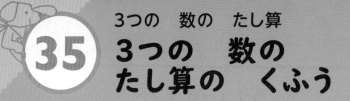

月 日 10分
とく点
点

1 つぎの 計算で, □に あてはまる 数を 書きましょう。
（ ）の 中は 先に 計算します。

1つ2点【12点】

① $37 + 16 + 4 = (37 + 16) + 4 = \boxed{53} + 4 = \boxed{57}$

└─ 37+16を 先に 計算。─┘

答えは 同じ。

② $37 + 16 + 4 = 37 + (16 + 4) = 37 + \boxed{} = \boxed{}$

└─ 16+4を 先に 計算。─┘

じゅんばんを 入れかえる。

③ $3 + 29 + 47 = 3 + 47 + 29 = \boxed{} + 29 = \boxed{}$

└─ 3+47を 先に 計算。─┘

たして 何十に なる 計算を 先に
すると, 計算が かんたんに なるね。

2 くふうして 計算しましょう。

1つ3点【24点】

① $19 + 4 + 6 = \boxed{}$

② $8 + 7 + 13 = \boxed{}$

③ $8 + 35 + 5 = \boxed{}$

④ $15 + 21 + 9 = \boxed{}$

⑤ $23 + 53 + 17 = \boxed{}$

⑥ $6 + 25 + 34 = \boxed{}$

⑦ $48 + 16 + 22 = \boxed{}$

⑧ $34 + 37 + 63 = \boxed{}$

3 計算を しましょう。 1つ4点【16点】

① $13+(9+1)$ ② $27+(8+2)$

③ $49+(14+6)$ ④ $34+(13+37)$

4 くふうして 計算しましょう。 1つ4点【48点】

① $15+7+3$ ② $9+4+16$

③ $6+28+2$ ④ $19+35+5$

⑤ $24+39+21$ ⑥ $38+24+36$

⑦ $22+33+27$ ⑧ $57+15+25$

⑨ $4+38+36$ ⑩ $33+19+27$

⑪ $29+52+48$ ⑫ $41+46+59$

くふうすると 計算が かんたんに なって, 楽しいね。

答え ▶ 95ページ

36 3つの　数の たし算の　ひっ算

1 計算を　しましょう。

1つ4点【40点】

①
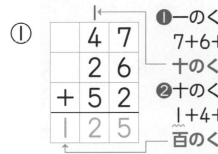

❶一のくらいは，
7+6+2=15
十のくらいに　1　くり上げる。
❷十のくらいは，
1+4+2+5=12
百のくらいに　1　くり上げる。

```
  4 7
  2 6
+ 5 2
─────
1 2 5
```

十のくらいに
2　くり上がる
計算も　あるよ。

②
```
  3 4
  4 1
+ 2 3
─────
```

③
```
  4 2
  1 7
+ 3 5
─────
```

④
```
  3 8
  4 6
+ 9 0
─────
```

⑤
```
  2 4
  6 9
+ 7 3
─────
```

⑥
```
  6 8
  5 9
+ 3 6
─────
```

⑦
```
  6 2
  1 5
+ 8 3
─────
```

⑧
```
  3 4
  2 9
+ 3 9
─────
```

⑨
```
  7 6
  5 8
+ 1 6
─────
```

⑩
```
  3 5
  8 7
+ 4 9
─────
```

75

1つ5点【45点】

①
```
   40
   15
+  32
```

②
```
   38
   21
+  33
```

③
```
   51
   34
+  92
```

④
```
   26
   72
+  43
```

⑤
```
   34
   68
+  35
```

⑥
```
   45
   83
+  54
```

⑦
```
   59
   47
+  36
```

⑧
```
   64
   38
+  78
```

⑨
```
   46
   18
+  67
```

3 ひっ算で しましょう。

1つ5点【15点】

① 14＋43＋58

② 37＋29＋67

③ 53＋48＋29

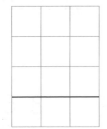

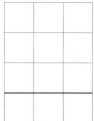

3つの 数の たし算も，ひっ算で 計算できるね。

答え ▶ 95ページ

37 3つの　数の　たし算の れんしゅう

月　日　20分

とく点

点

1 くふうして　計算しましょう。

1つ3点【24点】

① $18+8+2=\boxed{}$

② $9+6+14=\boxed{}$

③ $7+25+5=\boxed{}$

④ $13+9+31=\boxed{}$

⑤ $19+12+18=\boxed{}$

⑥ $27+34+26=\boxed{}$

⑦ $5+28+25=\boxed{}$

⑧ $43+39+17=\boxed{}$

2 計算を　しましょう。

1つ3点【24点】

①
```
   2 3
   4 9
 + 2 4
```

②
```
   4 5
   7 8
 + 3 2
```

③
```
   2 6
   5 0
 + 1 3
```

④
```
   6 7
   2 4
 + 8 9
```

⑤
```
   3 2
   1 7
 + 5 8
```

⑥
```
   2 9
   7 5
 + 6 8
```

⑦
```
   5 4
   6 3
 + 4 3
```

⑧
```
   4 6
   2 9
 + 2 8
```

3 くふうして 計算しましょう。 1つ3点【18点】

① 15＋6＋4

② 16＋7＋23

③ 29＋18＋12

④ 34＋29＋31

⑤ 13＋42＋37

⑥ 38＋54＋46

4 計算を しましょう。 1つ4点【16点】

```
①     3 7      ②     2 8      ③     2 7      ④     2 3
      4 7            1 4            3 5            5 9
    ＋8 6          ＋4 3          ＋7 9          ＋1 8
```

5 ひっ算で しましょう。 1つ6点【18点】

① 14＋21＋43   ② 48＋56＋29   ③ 26＋32＋45

ゴールまで もう 少し！ つぎは パズルだよ！

答え ▶ 96ページ

38 算数パズル ［たからものは どこに ある？］

❶ たからものの かくしばしょを 書いた「あんごう書１」の ひっ算を とこう。

　㋐～㋙の 数字に あてはまる 文字を キーワードから えらび, じゅんに ならべよう。何と 書いて あるかな？

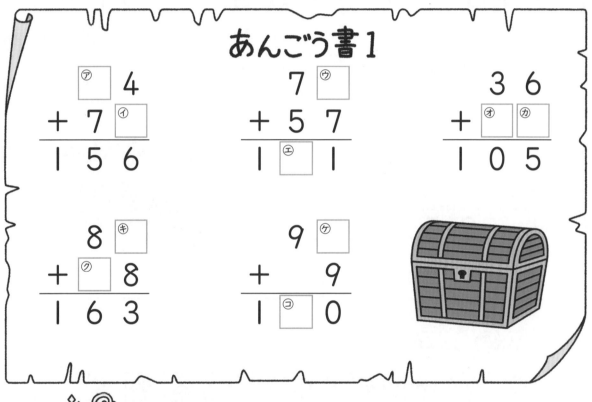

あんごう書１

```
 ㋐ 4          7 ㋒          3 6
+ 7 ㋑        + 5 7        + ㋔ ㋕
─────        ─────        ─────
1 5 6        1 ㋓ 1        1 0 5


 8 ㋖          9 ㋘          🧰
+ ㋗ 8        +   9
─────        ─────
1 6 3        1 ㋙ 0
```

🔑 キーワード

0	1	2	3	4	5	6	7	8	9
け	い	う	く	ふ	か	の	に	こ	お

㋐	㋑	㋒	㋓	㋔	㋕	㋖	㋗	㋘	㋙

2 「あんごう書1」が 教えた ところに 来たよ。

「あんごう書2」の ひっ算を といて, たからものが

かくされて いる ところを 見つけよう。

㋐～㋙の 数字に あてはまる 文字を キーワードから

えらび, じゅんに ならべよう。何と 書いて あるかな？

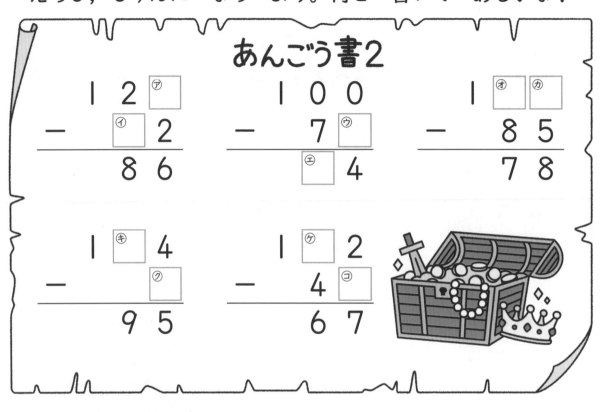

あんごう書2

```
  1 2 ㋐        1 0 0        1 ㋔ ㋕
-   ㋑ 2      -   7 ㋒      -   8 5
─────────    ──────────    ─────────
    8 6        ㋓   4          7 8
```

```
  1 ㋖ 4        1 ㋘ 2
-   ㋗          -   4 ㋙
─────────    ──────────
    9 5          6 7
```

🔑 キーワード

0	1	2	3	4	5	6	7	8	9
た	ほ	き	し	り	れ	の	ま	く	を

㋐	㋑	㋒	㋓	㋔	㋕	㋖	㋗	㋘	㋙

答え ▶ 96ページ

名前

月　日　**20**分

とく点

点

1 計算を　しましょう。　　　　　　　　　1つ2点【12点】

①　90＋50　　　　　　②　300＋300

③　600＋800　　　　　④　120－40

⑤　700－500　　　　　⑥　1000－400

2 計算を　しましょう。　　　　　　　　　1つ3点【36点】

①　　78　　②　　36　　③　　　7　　④　　83
　　＋54　　　　＋49　　　　＋63　　　　＋86

⑤　　98　　⑥　　47　　⑦　　65　　⑧　　40
　　＋　6　　　＋537　　　－59　　　－23

⑨　124　　⑩　153　　⑪　101　　⑫　423
　－　84　　　－　76　　　－　　2　　　－　　5

3 くふうして　計算しましょう。　　　　　　1つ2点【4点】

①　6＋19＋21　　　　　②　45＋28＋5

4 ひっ算で しましょう。

① 76＋29

② 34＋53

③ 58＋2

④ 47＋65

⑤ 84＋86

⑥ 9＋739

⑦ 50－32

⑧ 42－39

⑨ 152－48

⑩ 103－75

⑪ 136－92

⑫ 694－67

答え ▶ 96ページ

答えとアドバイス

おうちの方へ

▶まちがえた問題は，何度も練習させましょう。
▶ アドバイス も参考に，お子さまに指導してあげてください。

① 2けたと 1けたの たし算,ひき算 5~6ページ

1 ①20 ②30 ③60
④22 ⑤54 ⑥63 ⑦81

2 ①17 ②25 ③52
④15 ⑤29 ⑥44 ⑦66

3 ①64 ②20 ③70 ④33
⑤81 ⑥93 ⑦60 ⑧40
⑨55

4 ①38 ②81 ③46 ④67
⑤59 ⑥33 ⑦47 ⑧18
⑨76

 アドバイス　**1**の④~⑦のような，（2けた）＋（1けた）でくり上がりのある計算をするときは，④に書いてある計算のしかたの他に，次のようなしかたもあります。

　お子さまの計算しやすいしかたで，計算させるとよいでしょう。

④〔別の計算のしかた〕

14＋8　　❶4と8で，12
10　4　　❷10と12で，22

　また，**2**の④~⑦のような，（2けた）－（1けた）でくり下がりのある計算をするときは，④に書いてある計算のしかたの他に，次のようなしかたもあります。

④〔別の計算のしかた①〕

21－6　　❶11から6をひいて，
10　11　　　5
　　　　　❷10と5で，15

〔別の計算のしかた②〕

21－6　　❶21から1を
1　5　　　ひいて，20
　　　　　❷20から5を
　　　　　ひいて，15

② 2けたと 2けたの たし算,ひき算 7~8ページ

1 ①42 ②77 ③96
④45 ⑤78 ⑥85
⑦69 ⑧57

2 ①23 ②46 ③24
④33 ⑤12 ⑥40

3 ①46 ②94 ③89 ④91
⑤57 ⑥78 ⑦59 ⑧68
⑨84

4 ①24 ②55 ③60 ④22
⑤43 ⑥62 ⑦28 ⑧33
⑨17

 アドバイス　2けたの数のたし算，ひき算は，2けたの数を何十と何に分けて計算すればよいことを理解させましょう。例えば，**1**の⑤は，次のように計算します。

⑤　47　＋　31　❶40＋30＝70
40　7　30　1　❷7＋1＝8
　　　　　　　　❸70＋8＝78

　また，**2**の⑤は，次のように計算します。

⑤　38　－　26　❶30－20＝10
30　8　20　6　❷8－6＝2
　　　　　　　　❸10＋2＝12

④ ① 25
　　+32
　　57

② 40
　+50
　90

③ 46
　+ 3
　49

④ 　8
　+60
　68

③ **2けたの たし算の ひっ算①** 9~10ページ

1 ①38　②55

　　③79　④85　⑤83

　　⑥92　⑦60　⑧90

2 ①36　②89

　　③68　④95

3 ①77　②39　③95

　　④67　⑤98　⑥76

　　⑦84　⑧70　⑨90

4 ①29　②38　③65

　　④58　⑤86　⑥47

● アドバイス　（2けた）＋（1・2けた）で，くり上がりのない計算を筆算でします。一の位から順に，位ごとに計算することを理解させましょう。

2の①では，一の位から順に，右のように計算します。

① 32
　+ 4
　36
　　↑2+4=6
　　↑3+0=3

④ **2けたの たし算の ひっ算②** 11~12ページ

1 ①89　②79　③53

　　④58　⑤46　⑥70

　　⑦85　⑧72

2 ① 25　　② 74
　　+43　　　+20
　　68　　　　94

　　③ 42　　④ 　6
　　+ 3　　　+52
　　45　　　　58

3 ①35　②56　③48

　　④43　⑤68　⑥84

　　⑦99　⑧69　⑨97

● アドバイス　**1**の⑥では，答えの一の位が0になるので，0の書き忘れに注意させましょう。

⑥ 　10
　+60
　70 ←

0の書き忘れに注意。

2では，まず，位を縦にそろえて書き，一の位から順に計算します。

特に，③や④のような2けたと1けたのたし算では，位のそろえ方をまちがえやすいので，注意させましょう。

③ 十の位 ← → 一の位
　42　　42
　+3　　+3 ← 3は一の位に書く。

④ 十の位 ← → 一の位
　6　　　6
　+52　+52 ← 6は一の位に書く。

また，**4**では，筆算を書く枠にます目がないので，下のように，自由に書いてしまうことがあります。位を縦にきちんとそろえて書くことを心がけるように指導してください。

① 　25　　　25
　+ 32　　+32

② 40　　　40
　+ 50　　+50

③ 　46
　+3

④ 8
　+60

<table>
<tr><td></td><td>③ 9
+49
58</td><td>④ 12
+ 8
20</td></tr>
</table>

5 十のくらいに くり上がる たし算① 13~14ページ

1 ①63　②67
　③81　④93　⑤83
　⑥60　⑦70　⑧90

2 ①33　②64
　③40　④70

3 ①91　②82　③93
　④61　⑤55　⑥71
　⑦60　⑧70　⑨80

4 ①21　②44　③82
　④31　⑤70　⑥60

● アドバイス　（2けた）+（1・2けた）
で，一の位の計算でくり上がりのある
たし算の筆算です。

　一の位の計算の答えが2けたになっ
たら，十の位へ1くり上げること，そ
して，十の位の計算では，くり上げた
1をたすのを忘れないこと。これをき
ちんと理解させて，計算ミスのないよ
うに注意させましょう。

　くり上げた1を小さく書いておくよ
うに指導するとよいでしょう。

1 ②
くり上げた┐　┌1
1を小さく　　48
書いておく。+19
　　　　　67 ←8+9=17
　　　　　　　└1+4+1=6
十の位に
1くり上げる。

6 十のくらいに くり上がる たし算② 15~16ページ

1 ①44　②85　③91
　④90　⑤80　⑥72
　⑦40　⑧60

2 ① 15　　② 43
　　+36　　　+37
　　　51　　　　80

3 ①70　②92　③85
　④71　⑤92　⑥30
　⑦51　⑧80　⑨42

4 ① 76　　② 55
　　+18　　　+15
　　　94　　　　70

　③ 68　　④ 4
　　+ 9　　　+36
　　　77　　　　40

7 たし算の ひっ算の れんしゅう① 17~18ページ

1 ①48　②70　③83　④50
　⑤92　⑥45　⑦83　⑧97

2 ① 39　② 23　③ 8　④ 62
　　+57　　+43　　+76　　+ 3
　　　96　　　66　　　84　　　65

　⑤ 15　⑥ 2　⑦ 50
　　+30　　+68　　+ 4
　　　45　　　70　　　54

3 ①42　②85　③39　④46
　⑤72　⑥50　⑦80　⑧68
　⑨70　⑩62　⑪64　⑫90

4 ① 66　② 27　③ 59
　　+31　　+28　　+ 6
　　　97　　　55　　　65

● アドバイス　くり上がりのある計算
とない計算がまざっています。くり上
がりがあるのにくり上げた1をたし忘
れたり，逆に，くり上がりがないのに
1くり上げたりしないように注意させ
ましょう。

1 ①
　　　1
　　 35
　　+13
　　 58 ←5+3=8
　　　└1+3+1=5
くり上がりが
ないのに1を
たしてしまっ
ている。

85

⑧ 2けたの　ひき算の　ひっ算① 19~20ページ

1 ①12　②35
　　③40　④32　⑤60
　　⑥4　⑦5　⑧6

2 ①31　②84
　　③20　④50

3 ①14　②43　③52
　　④10　⑤21　⑥39
　　⑦20　⑧4　⑨2

4 ①42　②81　③94
　　④30　⑤60　⑥50

❶アドバイス　（2けた）−（1・2けた）
で，くり下がりのない計算を筆算でします。一の位から順に，位ごとに計算することを理解させましょう。

　2の③のように，答えの一の位が0のときは，0の書
き忘れに注意させ
ましょう。

$$\begin{array}{r} ③\quad 2\,7 \\ -\ \ \ 7 \\ \hline 2\,0 \end{array}$$ ←7−7=0
↑—2−0=2

⑨ 2けたの　ひき算の　ひっ算② 21~22ページ

1 ①61　②30　③66
　　④20　⑤5　⑥6
　　⑦41　⑧70

2
$$\begin{array}{r} ①\quad 5\,7 \\ -3\,5 \\ \hline 2\,2 \end{array}\qquad \begin{array}{r} ②\quad 4\,9 \\ -1\,0 \\ \hline 3\,9 \end{array}$$

$$\begin{array}{r} ③\quad 7\,8 \\ -\ \ \ 3 \\ \hline 7\,5 \end{array}\qquad \begin{array}{r} ④\quad 5\,6 \\ -\ \ \ 4 \\ \hline 5\,2 \end{array}$$

3 ①45　②10　③87
　　④15　⑤73　⑥24
　　⑦40　⑧30　⑨3

4
$$\begin{array}{r} ①\quad 3\,7 \\ -1\,6 \\ \hline 2\,1 \end{array}\qquad \begin{array}{r} ②\quad 3\,2 \\ -3\,0 \\ \hline 2 \end{array}$$

$$\begin{array}{r} ③\quad 9\,9 \\ -\ \ \ 4 \\ \hline 9\,5 \end{array}\qquad \begin{array}{r} ④\quad 6\,8 \\ -\ \ \ 8 \\ \hline 6\,0 \end{array}$$

❶アドバイス　**2**や**4**で，（2けた）−
（1けた）の筆算では，位のそろえ方を
まちがえやすいので注意させましょう。

⑩ 十のくらいから　くり下がる　ひき算① 23~24ページ

1 ①28　②17
　　③53　④34　⑤15
　　⑥7　⑦9　⑧1

2 ①46　②67
　　③26　④48

3 ①18　②43　③35
　　④25　⑤13　⑥9
　　⑦8　⑧5　⑨2

4 ①24　②39　③76
　　④57　⑤74　⑥81

❶アドバイス　（2けた）−（1・2けた）
で，十の位から1くり下げて計算する
ひき算の筆算です。

　十の位の計算で，くり下げた1をひ
くのを忘れないように注意させましょ
う。くり下げたあとの数を書いておく
ように指導するとよいでしょう。

1 ②
くり下げた
あとの数を
書いておく。

$$\begin{array}{r} {\scriptstyle 5} \\ \not{6}\,5 \\ -4\,8 \\ \hline 1\,7 \end{array}$$ 十の位から
1くり下げる。
←15−8=7
—5−4=1

④
$$\begin{array}{r} {\scriptstyle 5} \\ \not{6}\,0 \\ -2\,6 \\ \hline 3\,4 \end{array}$$ 十の位から
1くり下げる。
←10−6=4
—5−2=3

86

11 十のくらいから くり下がる ひき算② 25~26ページ

1
① (ひっ算) 25　(たしかめ)
```
  25
 +18
  43
```

② (ひっ算) 59
(たしかめ)
```
  59
 +26
  85
```

③ (ひっ算) 53
(たしかめ)
```
  53
 +37
  90
```

④ (ひっ算) 25
(たしかめ)
```
  25
 + 7
  32
```

⑤ (ひっ算) 47
(たしかめ)
```
  47
 + 3
  50
```

2
① (ひっ算) (たしかめ)
```
  70    14
 -56   +56
  14    70
```

② (ひっ算) (たしかめ)
```
  55     6
 -49   +49
   6    55
```

3
①33　②5　③12
④59　⑤19　⑥5
⑦34　⑧38　⑨25
⑩47

4
① (ひっ算) (たしかめ)
```
  52    34
 -18   +18
  34    52
```

② (ひっ算) (たしかめ)
```
  60    56
 - 4   + 4
  56    60
```

💡アドバイス　たし算とひき算の関係を使うと，ひき算の答えの確かめができることを理解させます。ひき算の答えは，(答え)＋(ひく数)＝(ひかれる数) の式を使って，たし算で確かめることができます。

12 ひき算の ひっ算の れんしゅう① 27~28ページ

1　①23　②15　③56　④22
⑤47　⑥50　⑦15　⑧6

2
①
```
  65
 -49
  16
```
②
```
  39
 - 2
  37
```
③
```
  57
 -48
   9
```
④
```
  98
 -90
   8
```

⑤
```
  80
 -73
   7
```
⑥
```
  29
 -26
   3
```
⑦
```
  43
 - 6
  37
```
⑧
```
  70
 -30
  40
```

3
①23　②25　③4　④38
⑤24　⑥29　⑦9　⑧55
⑨22　⑩57　⑪15　⑫50

4
① (ひっ算) (たしかめ)
```
  53    32
 -21   +21
  32    53
```
② (ひっ算) (たしかめ)
```
  44    38
 - 6   + 6
  38    44
```

💡アドバイス　くり下がりのある計算とない計算がまざっているので，混同しないように注意させましょう。

13 たし算と ひき算の ひっ算の れんしゅう① 29~30ページ

1　①79　②92　③37　④70
⑤17　⑥70　⑦48　⑧34

2
①
```
  60
 + 8
  68
```
②
```
  28
 +24
  52
```
③
```
  25
 +45
  70
```
④
```
   3
 +48
  51
```

⑤
```
  58
 -36
  22
```
⑥
```
  96
 -29
  67
```
⑦
```
  84
 -40
  44
```
⑧
```
  30
 - 3
  27
```

3
①53　②90　③93　④84
⑤66　⑥69　⑦15　⑧6

4
①
```
  14
 +62
  76
```
②
```
   5
 +86
  91
```
③
```
  49
 +33
  82
```

④
```
  92
 -89
   3
```
⑤
```
  64
 - 5
  59
```

💡アドバイス　2けたと1・2けたのたし算，ひき算の筆算の練習です。くり上がりやくり下がりがあるかないかに注意して計算させましょう。

⑭ 算数パズル 31~32ページ

❶ 7つ (58+4=62→62−22=
40→40−9=31→31+53=84
→84−6=78→78−23=55→
55+5=60)

❷ 6つ (49+46=95→95−58=
37→37−9=28→28+43=71
→71−55=16→16+64=80)

⑮ 何十の たし算 33~34ページ

1 ①110
②120 ③140
④150 ⑤130
⑥110 ⑦120
⑧110 ⑨150
⑩120 ⑪130
⑫110 ⑬170
⑭160 ⑮120
⑯110 ⑰150

2 ①110 ②180
③120 ④120
⑤110 ⑥140
⑦170 ⑧140
⑨130 ⑩150
⑪130 ⑫110
⑬130 ⑭160
⑮160 ⑯130
⑰140 ⑱120
⑲140 ⑳120
㉑130 ㉒110

❗アドバイス （何十)+(何十)=(百何十)
の計算では，10が何個と考えれば，
1けたの数のたし算として計算できる
ことを理解させましょう。

1 ②90+30=120

| 10が 9個 | 10が 3個 | 10が（9+3)で 12個 |

⑯ 何十，何百の たし算 35~36ページ

1 ①600
②400 ③900
④700 ⑤1000
⑥1000 ⑦280
⑧670 ⑨770
⑩420 ⑪605

2 ①1100
②1800 ③1200
④1500 ⑤1300
⑥1400

3 ①600 ②800
③500 ④900
⑤400 ⑥700
⑦1000 ⑧1000
⑨170 ⑩880
⑪270 ⑫304

4 ①1300 ②1700
③1600 ④1100
⑤1200 ⑥1600
⑦1400 ⑧1100
⑨1300 ⑩1200

❗アドバイス （何百)＋(何百）の計
算では，100が何個と考えれば，1
けたの数のたし算として計算できるこ
とに気づかせます。また，**2**や**4**は，
「1000より大きい数」を学習してか
ら取り組ませるとよいでしょう。

1 ②300+100=400

| 100が 3個 | 100が 1個 | 100が（3+1)で 4個 |

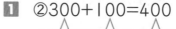

左段

⑰ 何十の ひき算 37~38ページ

1 ①90 ②70 ③60
④60 ⑤70 ⑥40 ⑦90
⑧70 ⑨80 ⑩90 ⑪60
⑫90 ⑬40 ⑭80 ⑮80
⑯50 ⑰80

2 ①90 ②30 ③90 ④70
⑤20 ⑥90 ⑦80 ⑧70
⑨60 ⑩80 ⑪50 ⑫90
⑬30 ⑭90 ⑮60 ⑯40
⑰80 ⑱50 ⑲90 ⑳70
㉑50 ㉒70

❷アドバイス （百何十）－（何十）＝（何十）の計算では，10が何個と考えれば，1年で学習した（11~18の数）－（1けたの数）＝（1けたの数）として計算できることを理解させましょう。

1 ②160－90＝70

| 10が16個 | 10が9個 | 10が（16－9）で7個 |

⑱ 何十，何百の ひき算 39~40ページ

1 ①200
②400 ③600
④300 ⑤300
⑥500 ⑦100
⑧600
⑨300 ⑩800
⑪500 ⑫100
⑬320 ⑭620
⑮450 ⑯800
⑰500

2 ①100 ②400
③400 ④300

右段

⑤200 ⑥200
⑦100 ⑧300
⑨700 ⑩100
⑪500 ⑫200
⑬200 ⑭900
⑮100 ⑯600
⑰200 ⑱340
⑲410 ⑳830
㉑200 ㉒900

❷アドバイス （何百）－（何百）の計算では，100が何個と考えれば，1けたの数のひき算として計算できることを理解させましょう。

⑲ 何十，何百の 計算の れんしゅう 41~42ページ

1 ①110 ②150
③130 ④180
⑤120 ⑥110
⑦160 ⑧50
⑨70 ⑩30
⑪70 ⑫80
⑬80 ⑭90

2 ①250 ②690
③508 ④710
⑤400 ⑥300

3 ①900 ②1000
③800 ④700
⑤1000 ⑥500
⑦1000 ⑧200
⑨700 ⑩300
⑪600 ⑫200
⑬400 ⑭500

4 ①1600 ②1200
③1100 ④1700
⑤1100 ⑥1500

⑳ 百のくらいに くり上がる たし算 43~44ページ

1 ①126 ②116
③157 ④129 ⑤119
⑥128 ⑦147 ⑧123

2 ①108 ②106 ③109
④107 ⑤101

3 ①125 ②119 ③137
④157 ⑤128 ⑥121
⑦134 ⑧146 ⑨153
⑩104 ⑪101 ⑫104

4 ①
$$\begin{array}{r} 53 \\ +76 \\ \hline 129 \end{array}$$
②
$$\begin{array}{r} 95 \\ +10 \\ \hline 105 \end{array}$$

⚐アドバイス （2けた）+（2けた）で，十の位の計算でくり上がりのある筆算です。答えが3けたになることに気づかせてください。

2 ①
$$\begin{array}{r} 52 \\ +56 \\ \hline 108 \end{array} \leftarrow 2+6=8$$
—5+5=10
—くり上げた1を百の位に書く。

㉑ くり上がりが 2回 ある たし算① 45~46ページ

1 ①143 ②121
③131 ④163 ⑤113
⑥112 ⑦104 ⑧100

2 ①101 ②104 ③100
④106 ⑤100

3 ①122 ②141 ③161
④152 ⑤114 ⑥101
⑦103 ⑧100 ⑨100

4 ①103 ②101 ③105
④100 ⑤100

⚐アドバイス 一の位でも十の位でも

くり上がりのあるたし算の筆算です。

十の位の計算では，一の位からくり上げた1をたして，さらに，百の位へ1くり上げるという複雑な手順になるので，まちがえないように落ち着いて計算させましょう。

1 ②
$$\begin{array}{r} 57 \\ +64 \\ \hline 121 \end{array}$$
1←くり上げた1を小さく書いておくとよい。
←7+4=11
—1+5+6=12
—くり上げた1を百の位に書く。

㉒ くり上がりが 2回 ある たし算② 47~48ページ

1 ①124 ②134 ③118
④100 ⑤100 ⑥103
⑦102 ⑧100

2 ①
$$\begin{array}{r} 47 \\ +84 \\ \hline 131 \end{array}$$
②
$$\begin{array}{r} 65 \\ +89 \\ \hline 154 \end{array}$$
③
$$\begin{array}{r} 96 \\ +5 \\ \hline 101 \end{array}$$
④
$$\begin{array}{r} 2 \\ +98 \\ \hline 100 \end{array}$$

3 ①142 ②100 ③104
④100 ⑤101 ⑥111
⑦125 ⑧100 ⑨105

4 ①
$$\begin{array}{r} 28 \\ +97 \\ \hline 125 \end{array}$$
②
$$\begin{array}{r} 64 \\ +47 \\ \hline 111 \end{array}$$
③
$$\begin{array}{r} 96 \\ +4 \\ \hline 100 \end{array}$$
④
$$\begin{array}{r} 7 \\ +95 \\ \hline 102 \end{array}$$

⚐アドバイス 前回に続いて，くり上がりが2回あるたし算の筆算をします。

2や**4**では，位を縦にそろえて書くことに注意させます。特に，2けたと1けたのたし算は位のそろえ方をまちがえやすいので気をつけさせましょう。

㉓ たし算の ひっ算の れんしゅう② 49~50ページ

1 ①114 ②161 ③103 ④102
⑤130 ⑥103 ⑦100 ⑧100

2
```
①  86   ②  67   ③   7   ④  57
  +22     +76     +95     +69
  108     143     102     126
```
```
⑤  98   ⑥  74   ⑦  83
  + 2     +80     +17
  100     154     100
```

3 ①104 ②153 ③108 ④132
⑤117 ⑥104 ⑦100 ⑧134
⑨176 ⑩101 ⑪100 ⑫138

4
```
①  16   ②  43   ③   7
  +85     +97     +98
  101     140     105
```

アドバイス （2けた）＋（1・2けた）＝（3けた） の筆算の練習です。

くり上がりが1回の計算と2回の計算がまざっているので，くり上がりを忘れて計算したり，逆に，くり上がりがないのにあると勘違いして計算したりするミスに注意させましょう。

㉔ 百のくらいから くり下がる ひき算 51~52ページ

1 ①54 ②94
③52 ④70 ⑤40
⑥90 ⑦65 ⑧87

2 ①55 ②24 ③63
④11 ⑤13

3 ①92 ②96 ③33
④80 ⑤80 ⑥90
⑦56 ⑧64 ⑨78
⑩82 ⑪23 ⑫16

4
```
①  159   ②  104
  - 63     - 53
    96       51
```

アドバイス （3けた）−（2けた）で，百の位から十の位へのくり下がりがあり，答えが2けたになるひき算の筆算です。十の位から一の位へのくり下がりと同じように考えて計算すればよいことを理解させましょう。

㉕ くり下がりが 2回 ある ひき算① 53~54ページ

1 ①67
②69 ③85 ④76
⑤67 ⑥58 ⑦87

2 ①97 ②98 ③96
④98 ⑤99 ⑥96

3 ①76 ②53 ③89
④48 ⑤48 ⑥39
⑦87 ⑧84 ⑨78

4 ①96 ②95 ③98
④97 ⑤95

アドバイス 十の位から一の位へのくり下がりと，百の位から十の位へのくり下がりがあるひき算の筆算です。

十の位の計算では，一の位へくり下げた1をひき，さらに，百の位から1くり下げて計算することになります。くり下がりが2回あるひき算は，計算ミスをしやすいので，注意させましょう。

2
```
①      8
     1 9 2    ← 十の位から1くり下げる。
    -   9 5
      9 7    ←12−5=7
            ←1くり下げたので，8
              18−9=9
              百の位から1くり下げる。
```

91

㉖ くり下がりが 2回 ある ひき算② 55~56ページ

1 ①47
②54 ③27 ④8
⑤7 ⑥95 ⑦99

2 ①93 ②95 ③36
④58 ⑤7 ⑥4

3 ①78 ②45 ③68
④59 ⑤86 ⑥9
⑦7 ⑧2 ⑨98

4 ①99 ②96 ③45
④17 ⑤8

◯アドバイス ひかれる数の十の位が0であるため，一の位へのくり下げができないときの，計算の手順を学習します。

まず，百の位から十の位へ1くり下げ，次に，十の位から一の位へ1くり下げてから計算すればよいことを理解させましょう。このとき，一の位へくり下げたあとの十の位は9になることに気づかせてください。

くり下がりの手順がわかるように，下のように数字を小さく書いておくように指導するとよいでしょう。

1 ②

```
            9  ←── 一の位へ
百の位から──→ 1〜0           1くり下
1くり下げ  1〜0 2   げて，9
て，10   −  4 8
            5 4
```

㉗ くり下がりが 2回 ある ひき算③ 57~58ページ

1 ①67 ②47 ③96
④97 ⑤8 ⑥98

2
```
①  1 3 2      ②  1 7 4      ③  1 6 1
 −   8 9       −   8 7       −   6 8
     4 3           8 7           9 3
```

④
```
  1 2 0      ⑤  1 0 4      ⑥  1 0 0
 −   2 1       −   4 6       −   9 5
     9 9           5 8             5
```

3 ①68 ②67 ③99
④96 ⑤46 ⑥35
⑦97 ⑧67 ⑨98

4
```
①  1 3 7      ②  1 5 0
 −   4 9       −   5 2
     8 8           9 8

③  1 0 1      ④  1 0 0
 −   8 4       −     6
     1 7           9 4
```

◯アドバイス くり下がりが2回あるひき算の筆算の練習です。

1の③や④のように，百の位からのくり下げをしなくてもひけるように誤解しやすい計算もあるので，注意させましょう。

㉘ ひき算の ひっ算の れんしゅう② 59~60ページ

1 ①82 ②75 ③80
④88 ⑤61 ⑥48
⑦74 ⑧95 ⑨66
⑩92 ⑪91 ⑫87

2
```
①  1 3 3      ②  1 0 4
 −   8 5       −   7 9
     4 8           2 5
```

3 ①55 ②99 ③68 ④73
⑤8 ⑥95 ⑦83 ⑧35
⑨92 ⑩86 ⑪98 ⑫90

4
```
①  1 3 0      ②  1 0 7      ③  1 0 0
 −   3 7       −   6 0       −     4
     9 3           4 7           9 6
```

◯アドバイス くり下がりが1回のひき算と2回のひき算がまざっているので，まちがえないように，落ち着いて計算させましょう。

29 3けたの 数の たし算①

61~62ページ

1 ①285

②585 ③869 ④544

⑤669 ⑥981 ⑦183

⑧340 ⑨494 ⑩550

⑪274 ⑫710

2 ①191 ②245 ③385

④178 ⑤216 ⑥556

⑦672 ⑧422 ⑨360

⑩470 ⑪671 ⑫510

⑬959 ⑭841 ⑮340

⑯683

◎アドバイス 3けたと1・2けたの
たし算を筆算でします。2けたの数の
たし算と同じ考え方で計算できること
を理解させましょう。

一の位の計算でくり上がりのあるた
し算では，十の位の計算で，くり上げ
た1をたすのを忘れないように注意さ
せてください。

1 ⑥
```
    9 1 6
  +   6 5
    9 8 1   ←6+5=11
```
十の位に
1くり上げる。

└── 1+1+6=8

30 3けたの 数の たし算②

63~64ページ

1 ①350 ②172 ③467

④210 ⑤175 ⑥675

2 ①
```
  1 2 7
+   3 6
  1 6 3
```
②
```
    4 5
+ 4 3 2
  4 7 7
```
③
```
  2 5 9
+     9
  2 6 8
```
④
```
    6 2
+ 3 2 8
  3 9 0
```
⑤
```
      5
+ 6 0 7
  6 1 2
```
⑥
```
  9 7 4
+   1 8
  9 9 2
```

3 ①481 ②523 ③170

④967 ⑤334 ⑥672

⑦113 ⑧250 ⑨769

4 ①
```
    4 9
+ 2 0 5
  2 5 4
```
②
```
  9 2 2
+   4 2
  9 6 4
```
③
```
  6 3 8
+   5 2
  6 9 0
```
④
```
      6
+ 4 1 6
  4 2 2
```

31 3けたの 数の ひき算①

65~66ページ

1 ①437

②252 ③514 ④705

⑤640 ⑥524 ⑦829

⑧916 ⑨104 ⑩608

⑪779 ⑫204

2 ①145 ②403 ③313

④217 ⑤412 ⑥516

⑦504 ⑧708 ⑨837

⑩731 ⑪926 ⑫671

⑬108 ⑭305 ⑮220

⑯239

◎アドバイス （3けた）－（1・2けた）
＝（3けた）の計算を筆算でします。
今まで学習してきたひき算の筆算と同
じ考え方で計算できることを理解させ
ましょう。

一の位の計算で，十の位からのくり
下がりがあるときは，十の位の計算で，
くり下げた1をひくのを忘れないよう
に注意させてください。

1 ⑥
```
      3
  5 4 1
-   1 7
  5 2 4   ←11-7=4
```
十の位から
1くり下げる。

└── 1くり下げたので，3
　　　3-1=2

㉜ 3けたの 数の ひき算② 67~68ページ

1 ①705 ②225 ③514
④648 ⑤472 ⑥308

2
①　536
－　27
509

②　425
－　9
416

③　682
－　51
631

④　710
－　4
706

⑤　164
－　35
129

⑥　253
－　19
234

3 ①421 ②347 ③649
④503 ⑤719 ⑥203
⑦128 ⑧818 ⑨924

4
①　894
－　57
837

②　511
－　2
509

③　259
－　26
233

④　360
－　45
315

㉝ 3けたの 数の たし算, ひき算の れんしゅう 69~70ページ

1 ①361 ②680 ③152
④215 ⑤912

2 ①292 ②496 ③718 ④570
⑤820 ⑥382 ⑦560 ⑧147
⑨409 ⑩414 ⑪728 ⑫506

3
①　512
＋　36
548

②　24
＋469
493

③　8
＋318
326

④　163
－　57
106

⑤　850
－　15
835

⑥　456
－　46
410

4
①　47
＋635
682

②　228
＋　2
230

③　39
＋946
985

④　632
－　26
606

⑤　590
－　32
558

⑥　275
－　7
268

㉞ たし算と ひき算の ひっ算の れんしゅう② 71~72ページ

1 ①114 ②294 ③137 ④103
⑤100 ⑥152 ⑦316 ⑧109
⑨81 ⑩406 ⑪95 ⑫39
⑬537 ⑭27 ⑮46 ⑯97

2
①　15
＋85
100

②　64
＋93
157

③　6
＋97
103

④　93
＋　7
100

⑤　100
－　2
98

⑥　152
－　36
116

⑦　103
－　84
19

3
①　54
＋84
138

②　76
＋68
144

③　239
＋　43
282

④　167
－　63
104

⑤　135
－　79
56

⑥　103
－　6
97

⊘アドバイス 今まで学習してきた, 答えが3けたの数になるたし算や, 3けたの数からひくひき算の練習です。

たし算では, くり上がりがない計算, 1回ある計算, 2回ある計算がまざっています。

また, ひき算では, くり下がりがない計算, 1回ある計算, 2回ある計算がまざっています。

いろいろな計算がまざっているので, くり上がりやくり下がりに気をつけて, 落ち着いて計算するように指導しましょう。

特に, **2**の⑤～⑦や**3**の④～⑥のように, ひかれる数が百いくつのとき, 答えが2けたの数になるか3けたの数になるかがまぎらわしいので, くり下がりのあるなしによく注意して計算させてください。

㉟ 3つの 数の たし算の くふう 73~74ページ

1 ①53, 57　②20, 57
　③50, 79

2 ①29　②28
　③48　④45
　⑤93　⑥65
　⑦86　⑧134

3 ①23　②37
　③69　④84

4 ①25　②29
　③36　④59
　⑤84　⑥98
　⑦82　⑧97
　⑨78　⑩79
　⑪129　⑫146

●アドバイス　3つの数のたし算で，
1や**3**のように（ ）のある式では，
（ ）の中を先に計算することをまず理
解させます。そして，計算する順序を
変えても答えが同じであることに気づ
かせましょう。

さらに，この計算のきまりを使うと，
2や**4**のようにくふうした計算ができ
ることを理解させます。たして何十や
100になる計算を先にすると，計算
が簡単になることに気づかせましょう。

2　①19+4+6=19+(4+6)
　　　=19+10=29
　②8+7+13=8+(7+13)
　　　=8+20=28
　③8+35+5=8+(35+5)
　　　=8+40=48
　④15+21+9=15+(21+9)
　　　=15+30=45

　⑤23+53+17=23+(53+17)
　　　=23+70=93
　⑥6+25+34=6+34+25
　　　=40+25=65
　⑦48+16+22=48+22+16
　　　=70+16=86
　⑧34+37+63=34+(37+63)
　　　=34+100=134

㊱ 3つの 数の たし算の ひっ算 75~76ページ

1 ①125
　②98　③94　④174
　⑤166　⑥163　⑦160
　⑧102　⑨150　⑩171

2 ①87　②92　③177
　④141　⑤137　⑥182
　⑦142　⑧180　⑨131

3　①　14　　②　37　　③　53
　　　　43　　　　29　　　　48
　　　+58　　　+67　　　+29
　　　115　　　133　　　130

●アドバイス　3つの数のたし算でも，
位を縦にそろえて書き，一の位から順
に計算すれば，筆算で計算できること
を理解させましょう。

また，3つの数のたし算の筆算では，
2くり上がる計算もあることに注意さ
せましょう。くり上げた1や2を小さ
く書いておくと，計算ミスを防げるこ
とにも気づかせましょう。

1　⑥　　2 ←くり上げた2を
　　　　68　　小さく書いておく。
　　　　59
　　　+36
　　　163 ←8+9+6=23
　　　　　┗2+6+5+3=16

95

㊲ 3つの 数の たし算の れんしゅう 77~78ページ

1 ①28　　　　②29
　 ③37　　　　④53
　 ⑤49　　　　⑥87
　 ⑦58　　　　⑧99

2 ①96　②155　③89　④180
　 ⑤107　⑥172　⑦160　⑧103

3 ①25　　　　②46
　 ③59　　　　④94
　 ⑤92　　　　⑥138

4 ①170　②85　③141　④100

5 ①　　14　　②　　48　　③　　26
　　　　21　　　　　56　　　　　32
　　　+43　　　　+29　　　　+45
　　───　　　　───　　　　───
　　　　78　　　　133　　　　103

⏩アドバイス　1や3は，計算の順序
を変えて，簡単な計算になるようにく
ふうさせましょう。

1 ①18+8+2=18+(8+2)
　　　　　=18+10=28
　 ⑦5+28+25=5+25+28
　　　　　=30+28=58

5は，まず3つの数を，位を縦にそ
ろえて書き，一の位から順に計算しま
す。この計算手順が正しくできている
かどうかに注意させてください。

㊳ 算数パズル 79~80ページ

❶ こうふくのおかにいけ

　┌─────────┐
　│ ㋐8　　㋑2 │
　│ ㋒4　　㋓3 │
　│ ㋔6　　㋕9 │
　│ ㋖5　　㋗7 │
　│ ㋘1　　㋙0 │
　└─────────┘

❷ くりのきのしたをほれ

　┌─────────┐
　│ ㋐8　　㋑4 │
　│ ㋒6　　㋓2 │
　│ ㋔6　　㋕3 │
　│ ㋖0　　㋗9 │
　│ ㋘1　　㋙5 │
　└─────────┘

㊴ まとめテスト 81~82ページ

1 ①140　　　　②600
　 ③1400　　　 ④80
　 ⑤200　　　　⑥600

2 ①132　②85　③70　④169
　 ⑤104　⑥584　⑦6　　⑧17
　 ⑨40　⑩77　⑪99　⑫418

3 ①46　　　　②78

4 ①　　76　　②　　34　　③　　58
　　　+29　　　　+53　　　　+　2
　　───　　　　───　　　　───
　　　105　　　　87　　　　　60

　 ④　　47　　⑤　　84　　⑥　　　9
　　　+65　　　　+86　　　　+739
　　───　　　　───　　　　───
　　　112　　　　170　　　　748

　 ⑦　　50　　⑧　　42　　⑨　152
　　　−32　　　　−39　　　　−　48
　　───　　　　───　　　　───
　　　　18　　　　　3　　　　104

　 ⑩　103　　⑪　136　　⑫　694
　　　−　75　　　−　92　　　−　67
　　───　　　　───　　　　───
　　　　28　　　　44　　　　627

⏩アドバイス　2年で学習するたし算，
ひき算のまとめとして，くり上がり，
くり下がりのあるなしなど，いろいろ
なパターンの計算を総復習します。

まちがえた計算があったら，どこで
ミスしたかを考えさせ，その計算にあ
たる回をもう一度やらせるなどして，
苦手な計算を克服できるように指導し
てください。